AF226694
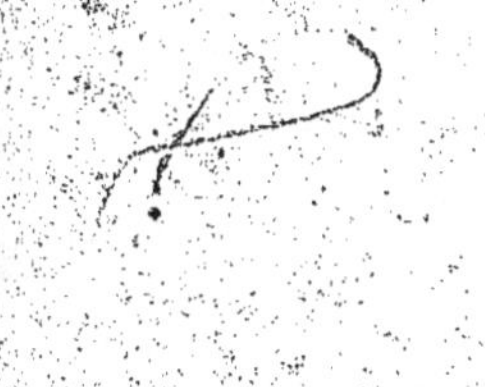

Ri GeDD 2036

ANALYSE

DE LA CARTE

INTITULÉE

LES CÔTES DE LA GRECE

ET

L'ARCHIPEL.

Par M. D'Anville, de l'Académie Royale des Inscriptions &
Belles-Lettres, & de celle des Sciences de Pétersbourg; Secrétaire
de S. A. S. Monseigneur le Duc d'Orléans.

A PARIS,

DE L'IMPRIMERIE ROYALE.

M. DCCLVII.

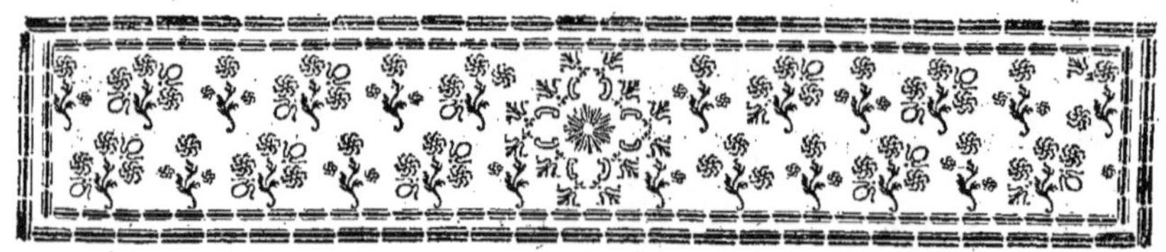

ANALYSE

DE LA
CARTE DES CÔTES
DE LA GRÉCE
ET
DE L'ARCHIPEL.

LA Carte que je publie des Côtes de la Gréce & de l'Archipel, eſt un fruit du deſir que j'ai depuis long-temps de mettre au jour une carte de l'ancienne Gréce, dont le Public ait quelque lieu d'être plus ſatisfait que de celles qu'on lui a données juſqu'à préſent. De deux cartes que l'on peut citer, l'une prend avantage ſur l'autre par plus de conformité à ce que l'on connoît du local, mais non pas par l'étude de l'antiquité. Le beſoin d'être ſuffiſamment inſtruit de la Géographie actuelle & poſitive, pour parvenir à fixer d'une manière ſolide le détail de l'ancienne Géographie, ſe fait particulièrement ſentir dans les parties intérieures de la Gréce: mais, la fréquentation des côtes par les Navigateurs procurant plus de lumières ſur cette partie extérieure; la circonſcription exacte de cette enveloppe, ſi l'on peut s'expliquer ainſi, donne au moins la maſſe & le contour de l'objet qu'on voudroit repréſenter.

A

Dans ce que j'ai entrepris fous ce point de vûe, le goût
que je me fuis fenti pour ce travail, m'a déterminé, pluftôt
que l'opinion d'y réuffir autant bien que le fujet le mériteroit.
Ce fujet eft par lui-même d'une exécution très-difficile, vû
l'extrême variété, & pour ainfi dire, la bizarrerie de la Nature
dans les replis des rivages, & dans ce nombre infini d'ifles
de toutes grandeurs, femées inégalement dans la mer. Mais,
ce que donnent les cartes hydrographiques, publiées jufqu'à
préfent, eft affez défectueux, pour pouvoir du moins fe
flatter de compofer quelque chofe qui tende davantage vers
la perfection. L'antiquité ne nous laiffe pas fans fecours,
fur un pays qui y fait autant de figure que la Gréce, & les
parties qui lui font adjacentes; & ce fecours n'a certainement
point été employé dans la compofition des cartes marines.

J'ai affujéti celle-ci à une projection vraiment géogra-
phique. Il paroît que les patrons qui naviguent la Méditerranée, n'ufent point de cartes réduites; & on fait que la
carte réduite veut que l'on change d'échelle en changeant
de latitude: d'un autre côté, le vice de la carte plate doit
répugner, vû l'égalité qu'elle fuppofe dans les degrés de longitude fur des parallèles différens. Quoique la carte de l'Archipel ne s'étende guère qu'à 6 degrés de latitude, cependant
le degré de longitude à la hauteur de 35 degrés, étant au
degré de longitude à la hauteur de 41 degrés, à peu près
comme 13 eft à 12, felon l'hypothèfe de la Terre fphérique;
on doit fentir qu'une telle différence dans l'intervalle des
méridiens n'eft point un objet de peu de conféquence. Les
parallèles fur la carte que je publie font tracés circulairement,
pour faire que les méridiens les coupent perpendiculairement
comme fur la furface convexe du globe: c'eft ce qu'on peut
pratiquer de plus régulier en fait de projection. Je n'ai point
chargé la carte de lignes qui repréfentent les vents collaté-
raux, moins encore les quarts de vent, & qui dans cette
projection feroient des courbes loxo-dromiques. Il m'a paru
peu néceffaire de le faire à l'égard d'une mer où des terres
fe font reconnoître fréquemment: & dans le cas où l'on fe

crût obligé de déterminer quelque rhumb particulier, il fera aifé de le fixer à telle ouverture d'angle que l'on voudra, avec le compas, ou avec le rapporteur, en s'appuyant fur les lignes méridiennes & parallèles, tracées à chaque intervalle de degré.

Ce n'eft pas feulement par la raifon que tout ce qui eft rivage de Gréce intéreffe notre curiofité, que la côte qui ne regarde point l'Archipel, mais une autre mer que les Anciens appeloient *Ionienne*, eft comprife dans la carte dont je donne l'analyfe : c'eft en même temps, parce que la côte fur cette mer eft encore plus imparfaitement décrite dans les cartes marines de la Méditerranée, que ce qui concerne l'Archipel. Pour que la difcuffion dans laquelle je me propofe d'entrer, ne foit pas un ouvrage à fuivre tout d'une haleine, & fans diftinction entre les différentes parties qui compofent la totalité du fujet ; j'en ferai la divifion en plufieurs fections, dont chacune fera diftinguée par un titre particulier. Mais avant toute chofe, le defir de mettre une liaifon entre la Gréce & quelque partie de continent, qui foit plus immédiatement adhérente à notre pofition, m'engage à examiner ce que peut valoir l'efpace de mer, qui fépare l'extrémité de l'Italie du rivage de la Gréce le plus voifin.

I.

Traverfée d'Otrante à la Valone.

C'EST dans ce parage que les côtes de l'Italie & de la Gréce fe regardent de plus près, les monts Acro-cérauniens formant une pointe à l'oppofite du talon de la botte, à laquelle fe compare la figure de l'Italie ; ce qui a fait dire à Virgile, en parlant de ces monts :

Undè iter Italiam, curfufque breviffimus undis.   *Æneid.* III, v. 507.

Le refferrement, que la mer éprouve en cet endroit, eft réputé faire la diftinction de la mer Ionienne, felon les Anciens, d'avec le golfe Adriatique : d'où vient que Pline

fur la pofition d'*Hydruntum*, ou d'Otrante, la plus reculée
de l'Italie, s'explique ainfi : *ad difcrimen Ionii & Hadriatici maris ;* ajoûtant, *quâ in Græciam breviffimus tranfitus.*

Les pilotes qui ont apporté le plus de foin à eftimer la traverfée d'Otrante à l'écueil *Safo*, ou, comme on dit aujour-d'hui, *Safeno*, qui couvre l'entrée du golfe de la Valone, l'indiquent d'environ 3 5 milles. L'auteur Génois du Portulan de la Méditerranée, intitulé *Specchio del mare*, compte 9 lieues, & fon principe eft de faire la lieue de 4 milles. En confultant l'antiquité, Strabon eft d'accord avec l'Itinéraire maritime, à marquer l'efpace entre *Hydruntum* & l'écueil *Safo*, de 400 ftades. De ce nombre de ftades, fur le pied dont on les prend communément, & à raifon de 8 ftades pour un mille, on concluroit 5 0 milles. Mais, comme dans cette fuppofition 5 0 milles romains valent environ 3 8 0 0 0 toifes, il s'en-fuivroit que les 3 5 milles de l'eftime des pilotes feroient des milles d'environ 1 1 0 0 toifes, & on n'en connoît point de pareille longueur dans la navigation de la Méditerranée. Il y auroit même un étrange paffage entre des milles de cette étendue, & ceux qui felon l'ufage le plus commun fur les côtes de la Gréce & dans l'Archipel, ne s'évaluent qu'à environ 6 0 0 toifes. Je ne répéterai point ici les preuves que j'ai données dans plufieurs écrits, qu'il y a dans Strabon, & en d'autres auteurs de l'antiquité, des indications de diftance, qui étant appliquées au local qui y correfpond, demandent que la longueur du mille romain faffe l'équivalent de 1 0 ftades. Les 400 ftades indiqués par Strabon, & par l'Itiné-raire maritime également, fe réduifant ainfi à 40 milles romains, on fe rapproche d'une évaluation convenable aux 3 5 milles de l'eftime des navigateurs. Car, la longueur du mille romain étant de 7 5 6 toifes, le calcul de 40 milles donne 3 0 2 4 0 toifes : d'où il fuit, que felon l'eftime de 3 5 milles dans le même efpace, le mille eft de 8 6 4 toifes, ce qui prend une grande conformité à la définition du mille lom-bard, le plus commun dans l'ufage en Italie, & qui eft d'en-viron 8 5 0 toifes.

Lib. III, c. 1 o.

p. 9 5.

Lib. VI, p. 2 8 1.

On comptera bien 50 milles, fi au lieu de s'arrêter à l'écueil *Safo*, la diftance eft portée jufqu'au mouillage devant *Aulon*, ou la Valone, qui eft en effet le lieu du débarquement dans ce paffage : car, l'intervalle qu'il y a de l'écueil à ce mouillage, ajoûte au moins 10 milles à la première diftance. C'eft ainfi qu'on peut vouloir interpréter Pline, quand il dit ; *latitudine intercurrentis freti quinquaginta millia* *Lib. III, c. 10.* *paffuum, non amplius :* quoique d'ailleurs on fût bien fondé à croire, que cette indication de 50 milles dérive des 400 ftades, par une réduction en milles qui manque de jufteffe, faute de faire la diftinction des ftades. Pline eft de tous les auteurs de l'antiquité celui qui donne plus de lieu à cette critique. Si l'on fait attention à ce qu'il rapporte, que Pyrrhus, roi d'Épire, qui fit la guerre aux Romains, eut en penfée de joindre cette partie du continent de la Gréce au rivage de l'Italie, par le moyen d'un pont ; *hoc intervallum pedeftri* *Ubi suprà.* *continuare tranfitu, pontibus jactis :* & que Varron commandant une flotte de Pompée, eut le même deffein ; on trouvera certainement plus de vrai-femblance dans la plus courte évaluation de l'efpace, que dans la plus alongée.

Le rhumb d'Otrante à Safeno eft *Greco,* felon les Portulans Italiens ; & toutes les cartes hydrographiques y font conformes. En partant de la latitude d'Otrante, felon la carte que j'ai publiée de l'Italie, favoir 40 degrés 20 & quelques minutes (ce que je crois à peu près jufte) le rhumb du nord-eft combiné avec la longueur de la courfe, range Safeno par 40 degrés à peu près 45 minutes. Cette hauteur n'eft pas la même, fur une carte particulière & en quatre feuilles du golfe de la Valone, dreffée fur les lieux par un ingénieur nommé Alberghetti, fous les ordres d'un général Vénitien de la maifon de Cornaro. L'auteur de cette carte donne pour indication de la latitude de la Valone, 40 degrés & demi ; & conféquemment le milieu de Safeno tombe à 32 minutes & demie du même degré, par la graduation qui eft appliquée à cette carte. On ne doit pas être affez prévenu de la jufteffe des Portulans, & des cartes hydrographiques, pour croire ne devoir rien rabattre de ce qui en réfulte : & je penfe en même temps, que l'indication de hauteur pour le point de la Valone à un demi-degré, n'eft pas, de cette manière, déterminée fi rigoureufement, qu'on ne puiffe y ajoûter quelques minutes. Un parti moyen eft propre à fauver du rifque des deux extrémités ; & il y a même lieu de préfumer, de n'être pas ainfi fort écarté de ce qui convient davantage.

I I.

Defcription de la côte depuis la Valone jufqu'à l'entrée du golfe Corinthiaque ou de Lépante.

Quoique la carte du golfe de la Valone ait été gravée, & qu'elle exifte depuis près de foixante-dix ans, je ne vois point qu'on l'ait employée dans aucune des cartes où ce golfe fe trouve compris. J'en donne ici la réduction, qui fera juger que ce qu'elle repréfente eft autre part figuré très-imparfaitement. Il eft à remarquer, que dans le nom d'*Aulon*, qui, entre autres fignifications, défigne un endroit refferré, comme le canal qui fépare les rivages de la Grèce & de l'Italie l'eft en effet à cette hauteur ; les Grecs font actuellement dans l'ufage de prononcer l'*u* comme confonne, en difant *Avlon*. De-là eft dérivée la dénomination vulgaire, en y mêlant l'article préfixe ; & c'eft ainfi que l'ancien nom d'*Aulon* eft aujourd'hui *la Valona.*

Je ne connois rien de plus pofitif, pour juger de l'efpace qu'occupe la côte de l'ancienne Épire, que l'indication des diftances entre *Aulon* & *Nicopolis,* dans l'Itinéraire d'Antonin, & dans la Table Théodofienne. *Nicopolis,* conftruite par Augufte vis-à-vis d'*Actium,* pour fervir de monument à une victoire qui le rendit le maître du Monde, eft un même lieu quant à l'emplacement que ce qu'on nomme aujourd'hui *Prevefa vecchia.* L'Itinéraire & la Table font d'accord à marquer 33 milles entre *Aulon* & *Acro-ceraunia,* qui eft une pointe fort alongée entre la grande mer & le golfe de la Valone. Les Grecs ont appliqué à cette pointe le terme de *Gloffa*, ou de Langue; & la partie la plus baffe & la plus déliée eft appelée *Linguetta* par les gens de mer. En circulant autour du golfe par une route de terre, la carte de l'ingénieur Vénitien fait compter environ 26 milles de 60 au degré, ce qui répond affez précifément aux 33 milles romains indiqués par les Itinéraires. Car le mille de 60 au degré eft au mille romain, en comparant des nombres de mille, comme 4 eft à 5.

Ces Itinéraires s'accordent pareillement à faire compter 97 milles entre *Acro-ceraunia* & *Buthrotum*; & on peut regarder cet accord comme un témoignage de la juftelle des nombres, ainfi que dans ce qui précède, dont la mefure du local fait la vérification. Je trouve dans une inftruction que renferme la carte du golfe de la Valone, un compte de diftances d'environ 78 milles, en fuivant la côte depuis la pointe de Linguetta jufqu'à *Buthrotum*, ou, comme on dit aujourd'hui, *Butrinto*. En prenant les milles fur le même pied que les donne l'échelle de cette carte, favoir de 60 au degré, les 78 milles fe comparent à 97 milles romains, & quelque chofe de plus en toute rigueur de calcul, ce qui convient fuffifamment au compte que donnent les Itinéraires. On ne difconviendra pas, que le contour du rivage en cet intervalle, ne doive apporter une réduction fenfible de la mefure itinéraire à la ligne directe, qui dans la carte ne paroît égaler qu'environ 85 milles romains. Je remarque que dans Ptolémée, la diftance qui réfulte de fes pofitions *Lib. III, c. 14.* d'*Acro-ceraunia* & du port de *Buthrotum*, vaut un degré & un tiers de fa graduation de latitude. Et vû que ce qui eft un degré dans les Tables de Ptolémée, ne repréfente que 500 *Lib. I, c. 11.* ftades, comme il en avertit lui-même dans fes prolégomènes; la mefure d'un degré & un tiers ne vaut dans la réalité que 667 ftades, qui à raifon de 8 ftades pour un mille, font 83 milles & demi ou à peu près, ce qui eft affez remarquable par le degré de convenance avec l'analyfe que l'on vient de faire du même efpace.

Je ne connois point de carte marine, qui ne faffe cet

efpace plus court qu'il n'eft ici. Mais, l'endroit par lequel j'ai cru devoir m'en écarter plus confidérablement, c'eft le gifement de la côte. Car, dans les cartes que je cite, le rayon tiré de la Linguetta fur la pointe de Corfou qui fe nomme Serpa, ne décline du fud à l'éft que d'environ 25 degrés, au lieu de donner à la déclinaifon du même rayon environ 37 degrés. Je ne diffimulerai point, qu'ayant eu deffein de prendre plus que moins d'efpace en longitude dans cet intervalle, comme en d'autres endroits, cette difpofition de ma part peut avoir contribué à cette grande déclinaifon: & j'aurai en effet rempli mon objet, en joignant à une plus grande étendue de courfe, une plus grande obliquité de pofition. Mais, fi l'on eft prévenu que l'entrée du golfe de Corinthe, où nous tendons actuellement, doit être plus élevée vers le nord, d'un quart ou d'un tiers de degré, que dans les cartes marines; on ne difconviendra pas que, pour que la courfe entre la Valone & ce golfe ne foit point refferrée, la même étendue de courfe doit être couchée plus obliquement dans une moindre quantité de latitude. Pline me fournit une preuve, que dans les cartes marines la côte au fud de la Linguetta ne chaffe pas affez dans l'eft. Car en donnant, comme je l'ai rapporté, 50 milles d'intervalle entre le continent de l'Italie & celui de la Gréce, & en tendant d'Otrante à la Valone; Pline marque environ 70 milles d'éloignement à l'égard de Cor-cyre *. Or, les cartes marines ne mettent pas plus d'efpace d'un côté que de l'autre; & toutefois pour le faire plus grand entre la pointe de l'Italie la plus à portée de Corfou, qui eft le cap de Leuca ou Finis-terre, il eft indifpenfable de reculer Corfou, & Corfou chaffera d'autant la côte qui lui eft oppofée dans le continent.

Lib. III, c. 5.

Je ne dois pas aller plus loin, fans m'expliquer fur ce qui concerne l'ifle de Corfou en particulier. Une pointe qui n'eft féparée du continent que par un canal très-étroit, prend

* Il eft plus convenable de lire *Corcyra* en cet endroit de Pline, felon plufieurs manufcrits & imprimés, que *Corfica.*

la

la même hauteur, ou à peu près, que Butrinto. Je tire la
figure ou le contour de cette isle, d'une carte particulière
publiée par le P. Coronelli, en la perfectionnant dans les
environs de Corfou par une autre carte, dressée à l'occasion
de l'attaque de cette place par les Turcs en 1716. Mais,
je suis redevable à feu M. le Marquis d'Antin, Vice-Amiral
de France, de m'avoir communiqué une juste évaluation de
l'espace entre les pointes de Serpa & d'Alefchimo, & en
même temps le véritable gisement de ces pointes, l'une à
l'égard de l'autre, pour bien orienter Corfou. Ce qu'une
mesure d'échelle très-vicieuse sur la carte de Coronelli, donne
pour 20 milles dans cet espace, ne s'évalue rigoureusement
qu'à neuf mille & quatre ou cinq cens toises. Et dans ce qui
résulte de cette mesure ainsi corrigée, je découvre une grande
analogie avec ce qu'on lit dans une lettre de Cicéron, qu'il
a fait 120 stades de navigation depuis le port de *Corcyra* *Lib. XVIII,*
jusqu'à celui de *Cassiope.* Car de la pointe de *Cherfopoli,* *epist. 9.*
qui est l'ancienne Corcyre, différente dans son emplacement
de la ville moderne de Corfou, jusqu'à l'ouverture du port
de Cassopo, en doublant nécessairement la pointe de Serpa;
cette route consume environ 12 milles de 60 au degré, donc
120 stades. Ainsi, cette indication étoit propre à réduire la
carte particulière de Corfou, à une mesure d'échelle plus
correcte que celle qui paroît sur la carte.

En repassant dans le continent, l'Itinéraire d'Antonin nous
conduit jusqu'à *Nicopolis* (ou Prevesa-vecchia) en deux distances particulières; savoir, de *Buthrotum* à *Glykys-limen* 30,
& de-là à *Nicopolis* 20. La Table s'y trouve conforme en
l'une de ces distances, qui est la dernière : l'indication est
plus foible à l'égard de l'autre; ce qui n'empêche pas, que
la ligne directe de Butrinto à Prevesa ne soit ici presque
égale à l'espace de 50 milles romains, que donne l'Itinéraire,
& dans une direction qui prend encore plus de l'est que
celle qui tend de Linguetta à Corfou. Il en doit résulter,
qu'en construisant la carte, l'espace en longitude n'y est point
épargné. La position de Nicopolis nous met sur le rivage

B

du golfe, auquel la ville d'*Ambracia* donnoit autrefois son nom, & qui a pris celui d'une autre ville & d'une rivière, dont le nom dans les écrits des anciens est *Arachthus*, aujour-d'hui *Arta*, ou vulgairement *Larta*, par l'union d'un article avec la dénomination propre. Dans le dessein que j'ai de dresser un Mémoire particulier sur ce golfe, dont les envi-rons présentent des objets intéressans par rapport à l'anti-quité; je me borne ici à dire, que ce qu'il a d'étendue est

Lib. IV. déterminé plus convenablement, par ce que dit Polybe de la longueur de son enfoncement dans les terres, & par la distance qu'il indique d'*Ambracia* à *Argos Amphilochicum*, que par l'échelle d'une carte particulière qu'on a de ce golfe. Car, un vice contraire à celui que j'ai remarqué dans la carte de Corfou, feroit raccourcir le golfe d'Arta de la moitié de sa longueur, par l'échelle de la carte de ce golfe. Du reste, cette carte est fort circonstanciée dans le détail; & quoique publiée depuis long-temps, aucun Géographe ou Hydrographe n'en a fait usage, non plus que d'une carte de l'isle de Sainte-Maure, qui joint celle-là, & d'une troisième, qui représente fort amplement Céfalonie, peu éloignée de l'extrémité de Sainte-Maure. Dans la disette où l'on est de morceaux par-ticuliers, on peut, ce semble, demander, pourquoi ceux qui existent ne font point connus & mis en œuvre?

La Table Théodosienne nous conduit au de-là de Nicopolis. Elle marque 15 milles entre Nicopolis & *Dioryctos*, qui

Lib.X,p.452. est le canal que Strabon dit avoir été creusé, pour séparer *Leucas*, aujourd'hui Sainte-Maure, d'avec la terre-ferme. Depuis *Dioryctos* jusqu'à *Naupactus* ou Lépante, on compte 83 milles, & le passage du fleuve *Achelous* est désigné à 54 au de-là de *Dioryctos*, 29 en deçà de *Naupactus*. On ne peut estimer la réduction d'environ 4 milles, que la mesure directe apporte à la mesure itinéraire de 83, que comme très-modérée; je n'en vois point même entre l'*Achelous* & Lépante. Je tire d'ailleurs une distance évaluée en toises, & en même temps le gisement, entre Sainte-Maure & la pointe d'un terrein isolé que l'on nomme Candelle, d'un

plan dreſſé ſur les lieux par un navigateur françois très-habile.
Dans le *Portolanos*, en grec vulgaire, la diſtance du port
de Dragomeſte, qui ſuit d'aſſez près Candelle, juſqu'à Natolico, étant indiquée de 18 milles; elle eſt admiſe dans
la carte ſur le pied que valent les milles romains, quoique
dans ce Portulan la meſure du mille ſoit en général plus
courte, & communément d'un cinquième. Ce qu'on nomme
aujourd'hui *Natolico* doit être l'iſle *Dolicha* de l'antiquité,
près de l'embouchûre de l'*Achelous*. Les Anciens prenoient
l'entrée du golfe de Corinthe dans l'intervalle, qui eſt de
100 ſtades, ſelon Strabon, entre cette iſle très-voiſine du *Lib. X, p. 458.*
rivage de terre-ferme, & le *promontorium Araxum* du Pélo-
ponnèſe, aujourd'hui *Mavro-midi*, ou *Papa*. Ils ne bornoient
pas ce golfe à l'endroit très-reſſerré par les promontoires
Rhium & *Anti-Rhium*, où ſont actuellement ſitués les châteaux qu'on appelle Dardanelles de Lépante. C'eſt ſous le
nom d'*Aſpro-potamo* (rivière blanche) que l'*Achelous* doit
paroître dans une carte moderne; & ce nom n'eſt écrit
Stonaſpre en quelques cartes, que par une dépravation, qui
vient de ce que la prépoſition grecque d'un lieu à un autre
eſt liée à la dénomination propre.

I I I.

Golfe Corinthiaque ou de Lépante, & côte de l'Attique juſqu'au Sunium ou Cap Colonni.

Strabon nous indique environ 220 ſtades de route, *Lib. VIII.*
depuis la bouche de l'*Achelous* juſqu'au promontoire de *pag. 336, &*
l'ancienne Etolie, appelé *Anti-Rhium;* plaçant dans cet inter- *lib. X, p. 460.*
valle l'embouchûre du fleuve *Evenus*, qui paroît dans les
cartes modernes ſous le nom de *Fidari*. La largeur du canal,
qui ſépare *Rhium* en Achaïe d'avec *Anti-Rhium*, ſe réduit à
5 ſtades, ſelon Strabon : & en ſe repliant de *Rhium* ſur Patras, *Lib. VIII.*
la diſtance eſt de 50 ſtades, ſelon Pauſanias. Or, nous avons *p. 335.*
une chaîne de diſtances indiquées depuis Patras juſqu'à l'iſthme *In Achaïe.*
de Corinthe; & j'entrerai dans quelque détail ſur ce ſujet,

ne connoissant aucun moyen plus propre jusqu'à présent à déterminer la longueur du golfe. __

Dans la navigation de Patras à *Ægium*, ancienne ville de l'Achaïe, & dont on croit que *Vostitza* tient la place, Pausanias comptant en plusieurs distances 230 stades au total, dit que la route par terre est plus courte de 40 stades : donc 190. D'*Ægium* à *Egira*, autre ville de la même contrée, & distante de la mer de 12 stades ; le même auteur donne lieu de réduire une pareille route maritime de 140 stades, à environ 120 de route plus directe. Ainsi, depuis Patras environ 310 stades, qui se comparent à 39 milles romains ou à peu près ; ce qui paroît d'autant plus suffisant, que la Table n'en donne que 37 dans le même intervalle. D'Egire à *Sicyon*, aujourd'hui *Basilico*, l'indication donnée par la Table est de 25 milles. De Basilico à Corinthe, une marche de trois heures faite par Wheler, ne peut s'estimer qu'environ 12 milles, & de Corinthe jusqu'à l'Isthme la Table nous indique 9 : donc entre Sicyon & l'Isthme 21. Ainsi, en rétrogradant jusqu'à Egire 46, & jusqu'à Patras, en comptant 39 plustôt que 37 depuis Egire, le total est de 85. Or,

Lib. IV, cap. 4. ce total est confirmé par Pline, en ces termes : *Patræ sinum Corinthiacum LXXXV M. pass. in longitudinem usque ad Isthmon transmittunt.* Ce décompte itinéraire bien constaté, mais qui ne répond point à une ligne directe, en circulant par des lieux qui s'en écartent de droite & de gauche, & plus ou moins, selon leur position & les contours dans le rivage du golfe ; ne paroîtra souffrir que le moins de réduction possible dans notre carte, où l'ouverture du compas entre Patras & le point de l'Isthme, que l'on appelle aujourd'hui *Palia-chora*, ne vaut pas moins de 80 milles romains. Et cet espace en droite ligne doit être estimé d'autant plus étendu, que dans la carte dressée par le chevalier Wheler, sous le titre d'*Achaia vetus & nova*, ce qui répond au même espace, est borné à environ 47 milles de 60 au degré, dont il ne résulte que 59 milles romains. Si la mesure est ainsi trop courte, elle est certainement trop alongée dans des cartes que l'on pourroit citer, en s'étendant à plus de 90 milles romains, ce qui furpaffe la mefure itinéraire, bien loin d'y apporter quelque modération.

Je rappellerai ici ce que j'ai avancé dans la fection pré-cédente, que l'entrée du golfe de Corinthe doit être plus élevée que dans les cartes marines. La latitude de Patras, qui felon l'obfervation de Vernon, voyageur Anglois, eft de 38 degrés 40 minutes, ne paffe les 38 degrés que d'environ un tiers de degré dans les cartes dont je parle. Je n'infifterai pas fur quelques minutes à l'égard des obfervations de Vernon, quelque avantage que nous en tirions, ce voyageur n'ayant pas eu vrai-femblablement le loifir & la faculté en tous les lieux de la Gréce où il a obfervé, d'y procéder avec la plus grande précifion. Dans plufieurs effais que j'ai faits fucceffive-ment fur la Gréce, ne m'étant point aftreint à fixer rigou-reufement Patras dans l'indication de Vernon, ce point ne s'élève qu'à 35 minutes au-deffus de 38 degrés dans la carte dont j'analyfe la compofition: & le point de Corinthe, qui, felon Vernon, monte à 38. 14, baiffe pareillement à 38. 9. Ce n'eft pas une fimple raifon de correfpondance avec Patras, ainfi qu'on pourroit le croire, qui agit fur la pofition de Corinthe: plufieurs confidérations y ont concouru. La pofition de Napoli de Romanie fe trouvant plus élevée en latitude en conftruifant la carte, que dans les cartes marines, il ne m'a pas été permis d'ajoûter à cette latitude, une affez grande diftance entre Napoli & Corinthe, pour que la pofi-tion de Corinthe fût portée à une plus grande hauteur. Dans un des cantons de la Gréce que les Anciens décrivent plus particulièrement, ils n'indiquent qu'environ 230 ftades entre Corinthe & le rivage du golfe, au fond duquel eft fituée l'ancienne *Nauplia,* aujourd'hui *Napli,* & vulgairement *Napoli.* Mais, ce qui paroîtra plus pofitif, c'eft la manière dont Co-rinthe s'oriente à l'égard d'Athènes. Dans la carte de Wheler, Corinthe décline du parallèle d'Athènes de l'oueft au nord d'un grand quart de vent; & vû que les rhumbs de cette carte font ceux de la Bouffole, dont Wheler dit s'être fervi

pour déterminer les pofitions qu’il a obfervées en diverfes
ftations, tout ce que renferme la carte dont il s’agit doit
fouffrir une déclinaifon vers l’oueft : de forte que la différence
de hauteur entre Athènes & Corinthe, au lieu de 11 ou
de 12 minutes de degré, peut fe réduire à 4 ou 5. Et en
prenant la latitude d’Athènes à 38 degrés environ 4 minutes,
felon une obfervation qui m’a été communiquée, ou 38. 5,
felon Vernon, Corinthe ne doit pas être auffi élevée en latitude
que 38 degrés environ un quart, & convient mieux à 38
degrés 8 ou 9 minutes.

On peut dire que la configuration du golfe de Corinthe
dans le détail a été inconnue, ainfi que la pofition qui lui
convient, aux auteurs des cartes marines. La carte de Wheler
leur eût fait connoître le golfe de Salone, & plufieurs autres
circonftances remarquables qui ne paroiffent point dans ces
cartes. Le Portulan grec m’a inftruit de la dénomination de
quelques lieux. J’ai fait une defcription particulière de l’Ifthme,
dans un Mémoire, que je n’inférerai point ici, où je dois
me borner à des points principaux, & qui influent plus
généralement dans la compofition d’une carte, dont l’objet
eft très-étendu. Le golfe de Corinthe, & le Saronique, que
l’on nomme aujourd’hui golfe d’Engia, ou d’Egine, ne vont
pas fimplement à la rencontre l’un de l’autre, comme les
cartes le figurent : ils fe croifent, & fe font parallèles, dans
un efpace qui s’étend à près de 20 milles. Je fuis informé
que la largeur de l’Ifthme, à l’endroit le plus refferré, eft
de 3460 pas Vénitiens, qui felon la comparaifon du pied
de Venife au pied de Paris, par Herigonius, équivalent à
3432 toifes. Les Anciens y comptoient 40 ftades, felon
Strabon ; 5 milles, felon Méla & Pline. Le nom d’Hexamile
que l’on donne aujourd’hui au même efpace, eft une fuite du
raccourciffement que le mille a fouffert chez les Grecs. Car,
par la mefure actuelle de ce qu’on eftime valoir 6 milles,
felon la dénomination d’*Hexa-mile*, la mefure du mille fe
borne à 572 toifes, de manière que pour remplir l’efpace
d’un degré, il faut y employer 100 milles de cette mefure.

Après avoir traversé l'Isthme, je continuerai la route que j'ai entreprise jusqu'au cap Colonni. Nous sommes redevables à Strabon de nous avoir conservé les mesures actuelles, qu'Eudoxe, disciple de Platon & Mathématicien, avoit prises du port Pirée au port nommé *Schœnus*, situé au plus étroit de l'Isthme; & du Pirée au promontoire *Sunium*, que quelques colonnes d'un temple de Minerve, qui sont encore debout, font appeler *capo Colonni*. La première des distances conclues par Eudoxe, est indiquée de 350 stades, la seconde de 330; & l'une & l'autre sont employées sur la carte sans altération, & à l'ouverture du compas. On sait que le Pirée est appelé par les Francs qui naviguent, *Porto Leone*, & qu'étant à 40 stades d'Athènes, il en est plus éloigné que le Phalère, qui a pris aujourd'hui chez les Grecs le nom d'*Agio-Nicolo*, ou de Saint-Nicolas. La carte de Wheler ne donne guère que 32 milles de 60 au degré, ou l'équivalent de 320 stades, non de 350, entre le Pirée & l'endroit du golfe le plus enfoncé dans les terres: mais l'espace de 33 des mêmes milles dans la même carte, depuis le Pirée jusqu'au *Sunium*, répond aux 330 stades de la mesure d'Eudoxe. J'avertis au-reste, que ces mesures de la carte de Wheler sont prises sur la carte originale de l'auteur, & de grandeur d'*in-folio*; non sur la réduction qui est insérée dans la traduction françoise du voyage de Wheler, où par une verge d'échelle trop courte & mal proportionnée à ce que contient la carte, le nombre des milles devient plus grand. Pour ce qui est du gisement de la côte, il doit moins prendre du sud que dans Wheler, par une suite de la déclinaison vers l'ouest que sa carte doit éprouver, vû qu'elle est orientée, comme je l'ai remarqué, par les rhumbs de la Boussole. Une plus grande obliquité nous fait prendre plus d'espace en longitude; & je crois pouvoir juger favorablement de la latitude où se place le cap Colonni. Car, de la distance, & de l'angle de position, entre ce cap & Milo, selon les cartes de l'Archipel qui méritent le plus de considération, entre lesquelles est une manuscrite, que je tiens de M. le Marquis d'Antin; la

Lib. IX, pag. 391.

différence de hauteur du cap à l'égard de Milo, se conclut d'environ 55 minutes; ce qui étant ajoûté à la latitude de la ville ou du bourg de Milo, observée par le P. Feuillée, savoir 36 degrés 41 minutes, donc latitude du cap 37 degrés environ 36 minutes. Je ne crois pas qu'il fût convenable d'insister sur une minute de plus ou de moins, entre ce résultat & la position du cap Colonni sur notre carte, qui est 38 degrés 35 minutes. La carte dressée par un pilote, & gravée ici il y a quelques années, ne nous porte point de préjudice sur cet article, Milo n'étant pas dans sa vraie latitude en cette carte.

I V.

Retour vers l'entrée du golfe de Corinthe, en circulant autour de la Morée.

L E S deux sections précédentes nous donnent la traversée entière du continent de la Gréce en ligne diagonale, par une chaîne de distances suffisamment vérifiées, & qui s'appliquent au détail des circonstances locales. On peut croire même, que dans cette traversée, on est appuyé en plusieurs endroits sur la hauteur qui leur paroît convenable. C'est à mon jugement une des plus importantes parties de ce qui est renfermé dans la carte. J'ai eu sur-tout à cœur dans l'analyse & l'emploi des distances, de donner aux espaces le plus d'étendue qu'il étoit possible; & j'avoue que je prends quelque confiance dans ce que la construction de la carte opère jusqu'à présent de plus général. Mais, avant que de m'étendre au de-là, je ne laisserai point en arrière ce qu'il y a de plus essentiel à observer dans le contour de la Morée.

Wheler a fixé dans sa carte le cap *Skylleo*, qui fait face au cap Colonni, par la réunion des rayons tirés de deux stations différentes, dont l'une au cap Colonni précisément. Une carte particulière de la côte, qui du Skylleo remonte au fond du golfe, levée par un pilote françois, détermine l'étendue de cet espace à 18 lieues marines & quelque chose

de

de plus, ce qui répond exactement à l'échelle de la carte de Wheler, qui donne 55 milles de 60 au degré, ou 18 lieues marines & un tiers. Nous fommes d'accord fur ce point avec Wheler, comme fur l'ouverture du golfe, ou l'intervalle des deux caps qui le renferment, Colonni & Skylleo.

Je remarque, que dans la carte manufcrite, dont je fuis redevable à M. le Marquis d'Antin, & que j'eftime préférable en bien des points à toute autre carte de l'Archipel qui me foit connue; la diftance qui s'établit entre le cap Skylleo & le fond du golfe, devient à peu près la même entre le Skylleo & l'entrée du port de Milo. J'ajoûte, que rapportant cette diftance au port de Milo, en prenant la latitude qui lui convient, felon la hauteur obfervée dans le bourg de cette ifle; l'entrée de ce port devient plus orientale que le méridien du cap Colonni d'environ 16 milles de 20 au degré, ce que je trouve conforme prefque en toute rigueur à la pofition de Milo à l'égard du cap Colonni dans la carte que je viens de citer. Par ce moyen, on reconnoît la pofition refpective de Colonni, Skylleo & Milo. Strabon *Lib. X, p. 484.* nous indique la diftance de *Melos* au *Scyllæum* fur le pied de 700 ftades, dont on ne conclura point ici 87 milles romains & demi, à raifon de 8 ftades pour un mille, felon la compenfation plus ordinaire, & qui équivaudroient à 70 milles de 60 au degré. Mais, vû l'ufage qu'on a fait dans l'antiquité d'une mefure de ftade plus courte d'un cinquième que le ftade ordinaire, comme j'ai déjà eu occafion de le faire connoître, & qu'ainfi la longueur du mille romain comprend 10 ftades de cette mefure; les 700 ftades de compte rond ne répondent qu'à 70 milles: & 70 milles romains ne valant tout au plus que 56 milles de 60 au degré; on voit qu'à un mille près, cette analyfe de diftance répond à celle qui nous eft donnée par la connoiffance du local. C'eft ainfi que des diftances qui ne paroiffent pas convenables dans les écrits des Anciens, retrouvent ce qu'elles ont de juftefle par l'évaluation qui leur eft propre.

C

La carte du golfe Saronique ou d'Engia, qui regarde l'Attique, & dont j'ai fait mention, fe joint, en doublant le Skylleo, à deux autres cartes particulières & manufcrites, levées par un navigateur françois très-habile (M. Verguin) & qui s'étendent depuis l'ifle Spécie inclufivement jufqu'au fond du golfe Argolique ou de Napoli. Dans ces cartes, le nord de la Bouffole eft diftingué du nord du Monde, & elles font affujéties à une échelle en toifes. J'ai même vû le deffein original de la plus étendue de ces cartes, où le détail des rayons tirés en très-grand nombre fur les différens objets étoit tracé. Il eft naturel de fe laiffer guider par des pièces qui ont toutes ces conditions. Et dans leur application fur la carte, j'ai reconnu, que la pofition que prenoit l'intérieur du golfe Argolique, devenoit très-convenable à ce que les notions tirées de l'antiquité demandoient de correfpondance avec la pofition de Corinthe, qui avoit pris fa place indépendamment de ce qui pouvoit tendre à cette correfpondance.

Du fond du golfe je paffe au cap *Malea,* ou de Saint-Ange. Par le gifement que prend la côte jufqu'à ce grand promontoire, je remarque qu'il fe place convenablement aux indications que l'on a de l'étendue de la courfe jufqu'à Milo, en entrant dans l'Archipel pour prendre terre à la première des ifles qui fe préfente. On a vû comment la pofition de Milo fe trouve fixée à l'égard de Skylleo. La diftance fur laquelle les meilleures cartes font le plus d'accord, entre le cap de Saint-Ange & le mouillage devant Milo, revient à 60 & quelques milles de 60 au degré. Elle eft marquée de 80 milles dans le Portulan grec, & de 100 milles dans le Portulan vénitien de Paolo Gerardo. La diverfité n'eft ici que numéraire, & non pas réelle & abfolue. Car, on comparera 80 milles romains à 64 milles de 60 au degré; & par gradation, ces 80 milles font égaux à 100 milles de l'ufage le plus ordinaire dans l'Archipel, les connoiffant pour inférieurs d'un cinquième au mille romain, par l'étude que j'en ai faite en les comparant à des efpaces qui ont déterminé cette évaluation. On peut remarquer, que c'eft la même proportion

de différence qu'entre deux ſtades qui différent par la longueur ; & le ſtade plus court peut bien avoir produit le mille
que l'on trouve raccourci d'une même quantité.

En tournant le cap de Saint-Ange, la côte de Morée qui
regarde le midi eſt partagée en deux golfes. Le golfe Laconique que nous rencontrons le premier, prend aujourd'hui
communément le nom de *Colochina*, ou pour mieux dire
Colokythia, qui eſt l'ancien *Gythium*, le port de Sparte ou de
Lacédémone. Un promontoire fort élevé, qui fait le pied
du mont Taygete, & nommé *Tænarium* dans l'antitiquité,
aujourd'hui *Matâpan*, du terme grec Μέτωπον, qui ſignifie
Front, fait la ſéparation de ce golfe d'avec celui auquel la ville
de Coron communique actuellement ſon nom. Quoique j'aie
pris à tâche en quelque manière, de donner plus que moins
à l'ouverture du golfe Laconique, entre les deux caps qui
l'embraſſent ; il ne m'a point été permis d'égaler l'eſpace que
les cartes lui attribuent. Pline indique la traverſée d'un cap à   *Lib. IV, cap. 5.*
l'autre de 39 milles, & j'y trouve de la correſpondance avec
l'indication du Portulan vénitien à 45. Car, ſelon la réduction du mille à 7 ſtades, comme il eſt conſtant qu'elle a eu
lieu dans l'empire Grec, 45 milles de 7 ſtades font l'équivalent de 39 milles romains compoſés de 8 ſtades. Je ne ſaurois
même me diſpenſer d'obſerver, que la terre du Matâpan
m'eſt indiquée plus voiſine du cap de Saint-Ange, par des
rayons, qui de deux ſtations différentes dans le voiſinage de
ce cap, ont été tirés ſur le Matâpan. Nonobſtant cette opé-
ration, que je trouve tracée ſur un plan manuſcrit, duquel je
tire la figure du cap de Saint-Ange, de Cervi, & la poſition
de Cerigo ; le motif d'éviter le reſſerrement dans l'eſpace m'a
fait employer les 39 milles bien complets, à les prendre
même, non de l'extrémité des caps, mais de leurs pointes plus
avancées les unes vis-à-vis des autres.

Les 30 milles que marque Pline, pour l'ouverture du golfe   *Ubi ſuprà.*
de la Meſſénie ou de Coron, ſont plus que complets dans
notre carte. Vernon a donné la hauteur de Coron à 37 degrés
2 minutes ; & celle de Modon, obſervée par des navigateurs

C ij

fous les ordres de M. le Marquis d'Antin, m'eſt indiquée à une ou deux minutes au deſſous de 3 8 degrés. Le rapport immédiat de ces points au Matâpan me donne lieu de croire, que ce cap ne ſauroit être reculé plus au ſud, nonobſtant les cartes marines. Le rhumb de ſyroc quart de levant, ſur lequel les Portulans, grec & vénitien, ſont d'accord du cap Gallo au Matâpan, étant pris en rigueur, feroit élever le Matâpan, pluſtôt que le baiſſer de hauteur. Le détail de la côte & les iſles, depuis le cap Gallo juſqu'en approchant de Prodano, eſt figuré d'après une carte manuſcrite levée ſur les lieux par un navigateur habile, avec les mêmes circonſtances dont j'ai fait mention à l'égard du golfe de Napoli. Il faut ſe garder de confondre l'ancienne iſle *Sphacteria*, vis-à-vis du port de Navarin, & qui couvroit celui de l'ancienne *Pylos* de Meſſénie, avec *Prodano*, ou *Prote*, comme on le voit ſur une carte de l'ancienne Gréce, dans la compoſition de laquelle on ne dé- couvre pas une grande étude de l'antiquité.

Ce que la côte occidentale de la Morée a d'étendue en totalité ne ſouffre point de difficulté, étant déterminé par les hauteurs de Modon & de Patras. On n'eſt point auſſi inſtruit qu'on le voudroit du détail de cette côte, entre Prodano & le cap de Caſtel-Torneſe, qui eſt le promontoire *Chelonites* de l'antiquité. L'embouchûre de l'Alphée que l'on rencontre ſur ce rivage, eſt un lieu propre à vérifier ce que le continent de la Morée ſe trouve avoir de largeur à cette hauteur. En partant d'Argos, dont la poſition n'eſt point incertaine à peu de diſtance du fond du golfe de Napoli, Pline nous apprend que la route juſqu'à Olympie eſt de 68 milles; & d'Olympie à l'embouchûre de l'Alphée, Strabon compte 80 ſtades, qui tiennent lieu de 10 milles, ou peut-être de 8 ſeulement, ſelon l'eſpèce des ſtades. Ainſi, 76 ou 78 milles de route entre Argos & la bouche de l'Alphée. La ligne directe ſur la carte ne doit pas égaler le compte itinéraire, & elle n'en approche vrai-ſemblablement que trop, en fourniſſant près de 72 milles, nonobſtant que ce ſoit au travers d'un pays auſſi inégal & montueux que l'ancienne Arcadie. Il eſt très-avantageux, ou

Lib. IV, cap. 6.

Lib. VIII, pag. 343.

pluftôt indifpenfable dans la conftruction des cartes marines, de s'affurer par des mefures terreftres d'un continent, de l'intervalle que gardent entr'elles les côtes qui le renferment. Pour peu d'égarement qu'il y ait dans le gifement de deux côtes latérales, il produira à la longue des erreurs confidérables, que la connoiffance des efpaces intermédiaires fera fentir, & pourra redreffer. J'alléguerai ici, que la pofition d'Olympie a une liaifon établie avec Sparte; Sparte avec fon port fur le golfe Laconique, & d'un autre côté avec Mefféne, dont la pofition quoique dans les terres, eft en rapport marqué avec le fond du golfe Mefféniaque. L'efpace entre Olympie & Chiarenza, qui eft l'ancienne *Cyllene,* en tendant vers l'autre extrémité de la Morée, dépend pareillement d'une combinaifon de diftances. Les notions que l'on tire de l'antiquité donnant lieu de compter 96 milles de route entre Olympie & le port de Sparte, on remarquera que l'efpace qui a réfulté de la conftruction de la carte, favoir 88 milles en droite ligne, fe trouve analogue dans fa réduction à l'efpace mefuré entre Argos & l'embouchûre de l'Alphée.

En remontant le long de la côte vers la partie feptentrionale de la Morée, on doit obferver, que la moitié de l'efpace qu'occupe Céfalonie fe trouve comprife dans la même latitude. Strabon indique 80 ftades de diftance entre *Cyllene* (ou Chiarenza) & le rivage de Céfalonie; & 120 ftades à partir d'un promontoire, qui doit être le *Chelonites,* quoique cet auteur femble le diftinguer, & qui ayant le plus de faillie dans la mer vers le couchant, eft celui qu'on appelle actuellement le cap de Caftel-Tornefe. Ces diftances fe trouvent très-convenables, par la difpofition refpective des rivages dans la carte, fans apporter de violence à aucune des circonftances locales qui doivent correfpondre; & c'eft ce qu'aucune autre carte ne m'a paru pouvoir procurer. Céfalonie eft en général peu exactement figurée dans les cartes, fur-tout dans les cartes marines. Il en exifte pourtant une fort circonftanciée, & qui a été gravée, comme j'ai déjà pris occafion d'en avertir. Quoique cette ifle prenne plus d'étendue dans notre carte

Lib. VIII, pag. 338.

Pag. 343.

qu'on ne lui en attribue communément, cependant les milles de l'échelle que porte la carte particulière de Céfalonie, se trouvent réduits de manière, qu'il en faut 9 0 pour remplir un degré. Mais, j'ai un autre point de convenance à obferver dans l'emplacement de Céfalonie. C'eft qu'en même temps qu'il tient d'un côté à divers lieux du rivage de la Morée, d'un autre côté, les 4 0 ou bien 5 0 ftades d'intervalle, que *Lib. X, p. 45 6.* Strabon indique à l'égard de l'extrémité de *Leucas* ou de l'ifle de Sainte-Maure, se retrouvent également bien par cet emplacement. Aînfi, après avoir circulé autour de la Morée, on fe raccorde à des pofitions antérieurement établies. Je m'arrêterois volontiers ici à chercher la célèbre Ithaque, fi la difcuffion qu'il faut y employer n'intéreffoit davantage l'antiquité que le temps actuel. Il m'a paru, que la diftance de *Lib. IV, c. 1 2.* 2 2 milles entre Céfalonie & Zante, felon Pline, pouvoit être jufte en rigueur, & de cap en cap; & je crois que la hauteur de Zante eft de 3 8 degrés moins 5 minutes ou environ.

V.

Côte orientale de la Gréce, depuis le cap Colonni jufqu'à Salonique.

JE reviens donc ici au cap Colonni. La côte qui fuit ce cap, en s'avançant vers l'Euripe, court généralement parlant au nord, avec quelque déclinaifon vers le couchant. Car, fi elle prend au contraire un peu du levant dans la carte de Wheler, il faut fe rappeler que le nord de cette carte eft celui d'une Bouffole. Quant aux circonftances de détail le long de cette côte, il eft plus fûr de les tirer de Wheler que d'autre part. L'étude qu'il faut employer à déterminer un grand nombre de pofitions, qui appartiennent à l'ancienne Géographie, plus riche par cet endroit comme plus intéreffante que la moderne, influe confidérablement dans la difpofition que doit prendre le rivage qui regarde la grande ifle qui a porté le nom d'Eubée. On peut juger que la ville de l'Euripe fe rencontre à peu près au méridien d'Athènes ; & ce dont

Wheler la fait plus orientale que ce méridien, est une raison de conclurre ainsi. La hauteur déterminée par Vernon à 38 degrés 31 minutes, m'a paru convenable, sans différence qui soit sensible. Cette ville a quité le nom de *Chalcis*, pour prendre celui de l'Euripe, près duquel elle est située, & dont on auroit peine à deviner que dérive le nom vulgaire & usité de Negrepont. Voici pourtant par quel moyen. Les Grecs ont fait un *v* consonne de la voyelle qui fait diphtongue dans la première syllabe d'*Euripus ;* & cette lettre détachée de la lettre initiale, portant sur celle qui la suit, ils ont dit *Evripos,* & *Evripo* en supprimant l'*s* finale, selon l'usage qui s'est établi parmi eux. Au lieu d'*Evripo*, on a dit par corruption *Egripo ;* & parce qu'on a entendu dire aux Grecs, en joignant la pré-position de lieu, *is-ton-Egripon,* les gens de mer corrompant étrangement les noms propres, ont forgé le nom de Negrepont. Il faut convenir, que pour être entendu parmi nous, il est indispensable d'admettre cette dénomination, toute barbare qu'elle peut paroître. Mais, trouvera-t-on mauvais qu'on y joigne celle dont elle tient la place, & qu'il convient à la Géographie de conserver.

C'est aux Anciens qu'il faut recourir, pour être instruit du local aux environs du fameux détroit des Thermopyles, & pour avoir quelque indice du rapport de position entre la pointe de l'isle d'Eubée ou d'Egripo, & le rivage voisin dans le continent. Ces lieux autrefois célèbres & fréquentés, n'attirent plus aujourd'hui la même attention ; & on ne les trouve point figurés dans les cartes d'une manière qui réponde aux descrip-tions de l'antiquité. Nous devons regretter que Wheler, par l'opposition de Spon, son compagnon de voyage, n'ait pas exécuté le dessein qu'il avoit de passer de la Phocide dans la Thessalie, par le sentier des Thermopyles. Je pense au reste, qu'on peut assez bien juger de la disposition des lieux par le détail qu'en donnent les Anciens. Strabon indiquant la distance *Lib. IX, pag.* de l'Euripe aux Thermopyles de 530 stades, qui se comparent *429.* à 53 milles de 60 au degré ; c'est la distance qui se trouve à peu de chose près complète à l'ouverture du compas par

la conftruction de notre carte. On apprend du même auteur,
que la pointe de l'Eubée, *Cenæum promontorium*, eft diftante
d'une grande anfe qui fuit les Thermopyles, de 70 ftades;
& que ce même promontoire n'eft féparé d'une pointe du
continent que par un canal de 20 ftades. Le paffage des
Thermopyles, & le fond du golfe qui porte aujourd'hui le
nom de la ville de Zeitun, font décrits avec précifion dans
Hérodote : & il y a apparence que Zeitun eft l'ancienne
Héraclée de la Trachinie, vû que dans ce canton très-refferré
entre la mer & les montagnes, la nature a pratiqué en cet
endroit un champ plus fpacieux, affez connu d'Hérodote pour
en déterminer l'étendue en *plethres* ou *jugeres* de l'antiquité.

Strab. lib. IX,
pag. 426.

Polymnia, 198.
199. 200.

Mais, ce qu'il y a ici de plus important à obferver, c'eft
la manière dont les cartes marines font courir ces rivages.
Le rhumb de vent tiré fur ces cartes du cap Colonni vers
le fond du golfe de Zeitun, eft maeftre, & plus que maeftre
vers ponant, c'eft-à-dire, plus oueft que nord. La courfe
fur ce rhumb eft d'environ 110 milles de 60 au degré, &
le fond du golfe de Zeitun fe trouve rangé par 38 degrés
environ 40 minutes de latitude. Ces circonftances paroîtront
fort étranges dans la comparaifon qu'on peut en faire avec
ce que notre carte repréfente. Car, il en réfulte que le fond
du golfe de Zeitun va couvrir l'emplacement que prend le
mont Parnaffe, & vient fe confondre avec le fond du golfe
de Salone, ce qui ne peut avoir lieu fans mettre fous la mer
la Béotie & la Phocide. On a grand tort dans la conftruction
des cartes marines, de ne pas y faire concourir, & prendre
même pour fondement plus folide, les connoiffances qu'on
acquiert par l'étude du local dans les terres. L'emplacement
du Parnaffe eft fixé par des obfervations pofitives, & on
voudroit avoir beaucoup de lieux déterminés par des moyens
femblables dans l'étendue de la Gréce. Wheler fur le fommet
de l'Acro-Corinthe, d'où il a découvert des objets fort au
loin, a obfervé la plus haute des cimes du Parnaffe au nord
plein, & fa carte y eft conforme. Mais, comme on pourroit
objecter, que le nord de cette carte n'eft pas le nord du
Monde,

Monde, auſſi voit-on que le Parnaſſe décline du méridien de Corinthe d'un quart de vent du nord à l'oueſt dans notre carte. Ajoûtons, que ſelon l'obſervation de Vernon, la hauteur de Caſtri au deſſous du Parnaſſe, & qui tient la place de Delphes, eſt de 3 8 degrés 5 o minutes ; & quand il s'en faudroit quelques minutes, cette hauteur ne peut ſe prêter à ce que repréſentent les cartes marines, en rabaiſſant le fond du golfe de Zeitun à 3 8. 4 0. Outre la profondeur du golfe de Salone, que ces cartes n'expriment point, & dont Wheler a pris le deſſein ſur les lieux ; il faut encore trouver la diſtance de 6 o ou de 8 o ſtades, que Pauſanias & Strabon nous indiquent entre le *Pauſ. in Phoc.* fond du golfe & la poſition de Delphes, en avançant dans les *Strab. lib. IX,* terres. Si par deſſus ces conſidérations, on a égard à ce que *pag. 4 1 8.* Delphes & le Parnaſſe ſont en plus grande diſtance des rivages de la mer du côté des Thermopyles & de l'Eubée, que du golfe de Salone, on ſentira juſqu'où va l'erreur d'amener ces rivages en deçà de ces poſitions, bien loin de les ranger au delà.

Le contour du golfe de Volo eſt à peu près le même dans pluſieurs cartes. Il eſt nommé *Pelaſgicus* dans Ptolémée, *Pagaſæus* dans d'autres auteurs. La ville qui lui communique aujourd'hui ſon nom, me paroît être l'ancienne *Iolcos,* près de laquelle Demetrius Poliorcète en conſtruiſit une autre, qui a porté le nom de *Demetrias.* Je remarque à l'entrée de ce golfe, qu'un lieu d'où partit le fameux navire des Argonautes, & nommé *Aphetæ,* conſerve un reſte de ſa dénomination dans celle de *Fetio.* Le promontoire qu'il faut doubler enſuite, pour ranger la côte du golfe Thermaïque ou de Salonique, & nommé Monaſtir ou Saint - George, doit être le *Sepias* de l'antiquité, près duquel la flotte de Xerxès fut *Herodot. Po-* briſée, pouſſée ſur les roches & les falaiſes du mont Pélion, *lymn. 1 8 8.* par un vent violent ſoufflant de la bande de l'eſt, & nommé *Helleſpontias.* Les terres ſont très-hautes ſur cette côte. Car, au Pélion ſuccède le mont Oſſa, & l'Oſſa n'eſt ſéparé de l'Olympe que par une gorge étroite. C'eſt par cette gorge que le Pénée, après avoir reçû preſque toutes les autres rivières de la Theſſalie, s'ouvre un paſſage dans la mer. Il a quitté

D

le nom qu'il portoit dans l'antiquité, pour prendre celui de *Salabrias*, felon Euftathe, ou de *Salampria* en fe conformant à l'orthographe du Grec vulgaire. La gorge dans laquelle il eft refferré en approchant de la mer, & fort célèbre fous le nom de *Tempe*, eft appelée *Lycoftome*, ou bouche de Loup, par Sophianus.

Au-refte, on peut fe plaindre que les cartes donnent peu de connoiffance en détail de cette côte. J'y reconnois dans un lieu appelé vulgairement *Stan-Dia*, ce qui dérive d'*is-ten-Dian*, l'ancienne ville de *Dium*. *Platamona* me paroît être l'embouchûre du fleuve connu dans l'antiquité fous le nom d'*Haliacmon*; & le *Porto-Kitro* conferve le nom de *Kitron*, ville autrement appelée *Pydna*, & diftinguée dans l'hiftoire par la défaite de Perfée, dernier roi de Macédoine. La pofition de *Saloniki* ou de Theffalonique eft déterminée aftronomiquement par les obfervations du P. Feuillée: & quoique le réfultat des obfervations qui concernent la longitude n'ait pas communément la même rigueur de détermination que celle de la latitude; je n'ai rien vû dans la conftruction de la carte, qui pût engager à eftimer quelques minutes de plus ou de moins dans cette pofition, qui eft ainfi de 20 degrés 48 minutes plus orientale que Paris.

V I.

Obfervations fur ce qui eft compris entre Salonique & le détroit des Dardanelles.

U N morceau qu'on peut regarder comme très-précieux dans la carte, c'eft le fond du golfe de Salonique, & le rivage de ce golfe jufqu'au cap Paillouri. On en eft redevable à M. le Marquis d'Antin, qui étant dans ce parage en a fait lever la carte, qu'il voulut bien me communiquer avec plufieurs autres, au retour d'un voyage fait à Conftantinople en 1738. En jetant les yeux fur toute autre carte, on verra que le fond du golfe de Salonique n'étoit point connu. J'obferve de plus, que parce qu'on a trop élargi le continent de la Gréce dans quelques cartes, l'ouverture du golfe y eſt retrécie d'environ la moitié de ſon étendue. Le nom de *Paillouri*, que nos marins donnent au cap, qui eſt oppoſé à celui de Saint-George dans cette ouverture, paroît avoir quelque rapport avec celui que la preſqu'iſle, dont ce cap eſt la pointe, portoit autrefois, ſavoir *Pallene :* & dans le Portulan grec, le nom de *Canouiſtro* donné au même cap, eſt le même que *Canaſtræum* qu'on trouve dans l'antiquité. L'enfoncement de mer qui ſuit ce promontoire, ne laiſſe entre deux mers qu'un iſthme, que la ville de Caſſandrie, auparavant Potidée, occupoit autrefois ; & l'endroit de ſon emplacement ſe nomme encore les portes de Caſſandre. Cet emplacement n'eſt plus le même dans le lieu qu'on trouve nommé actuellement Caſſandre, au dedans d'une pointe qui eſt par le travers du milieu de la péninſule. Outre le même nom qu'on donne au golfe qui reſſerre cette péninſule, il porte auſſi celui d'*Agio-mama*, d'un lieu placé dans quelques cartes au fond du golfe. Les anciens déſignent ce golfe par le nom de *Torone ;* & *Toron* ſubſiſte dans le voiſinage d'un port, dont le nom de *Cophos* mentionné dans Méla, ſe reconnoît en celui de *Porto Coufo.*

On ſait en général que le mont *Athos*, appelé aujourd'hui *Agios-oros*, la ſainte montagne, eſt reſſerré entre deux golfes, l'un nommé autrefois *Singiticus*, l'autre *Strymonicus*. Une anſe profonde de ce dernier golfe reſſerre tellement la péninſule qu'occupe la montagne, que la langue de terre qui joint cette péninſule au continent devient très-étroite : & outre ce peu de largeur, comme le terrein n'y participe point à la hauteur où s'élève la montagne ; le travail de Xerxès pour percer cet iſthme, & ouvrir par-là un paſſage à ſa flotte, ne doit pas paroître fort conſidérable ; & il y a bien de l'exagération poëtique dans ces vers de Sidonius-Apollinaris : *Carm. IX.*

> *Admiſſoque in Athon tumente ponto,*
> *Juxtà frondiferæ cacumen Alpis,*
> *Scalptas claſſibus iſſe per cavernas.*

La connoiſſance des lieux réduit ainſi beaucoup de choſes

que l'on croit merveilleufes, à leur jufte valeur. Ce détroit, que le voyageur Bélon a traverfé, fe nomme *Aladivna;* & les caloïers du mont Athos, que j'ai vûs ici étant fort jeune, nous ont donné une repréfentation de cette montagne, où tous leurs monaftères font rangés dans leur place. J'en ai tiré la fituation de quelques-uns des principaux.

En tournant le golfe que l'on nomme aujourd'hui *Conteffa,* pour arriver aux embouchûres du Strymon, le port appelé *Stavros* eft remarquable comme étant celui de *Stagyra,* la patrie d'Ariftote. Les Turcs appellent le Strymon *Cara-fou,* ou rivière noire. L'ancienne *Amphipolis,* dont le nom eft altéré en celui d'*Emboli,* & que l'on nomme auffi *Chryfopoli,* étoit fituée entre les deux bras par lefquels le Strymon entre *Lib. IV.* dans la mer, comme on l'apprend de Thucydide, ayant fon port nommé *Eion* à 25 ftades au deffous. Une circonftance très-importante dans la pofition d'Amphipolis, c'eft de pouvoir la juger convenable dans fa diftance à l'égard de Salonique. Car, quoique les anciens Itinéraires y faffent compter 69 milles, & qu'à l'ouverture du compas la carte n'en admette qu'environ 54; un grand détour dans cette route pour gagner le bord de la mer, & paffer par un lieu nommé *Bromifcus,* entre le lac qui eft appelé *Pefchiera* & le rivage, fait trouver environ 66 milles, indépendamment des détours particuliers qui échappent à notre connoiffance. On tire des mêmes Itinéraires, la diftance qui peut convenir entre Amphipolis & *Philippi,* & de-là à *Neapolis,* qui porte aujourd'hui le nom de *la Cavale,* dont l'ifle de *Thafos* eft très-voifine. Le deffein de cette ifle, & de la côte du continent, eft conforme à la carte manufcrite que j'ai de l'Archipel, de même que l'élévation de ces terres, qui les écarte du mont Athos plus que dans les autres cartes. Cette pofition m'a paru d'autant plus convenable, qu'elle eft juftifiée par la diftance de 70 milles que le Portulan grec m'indique entre la pointe de Palio-caftro de Lemnos & le cap Afperofa, oppofé à la pointe de Tafo qui regarde le continent.

La côte de l'ancienne Thrace, jufqu'à l'entrée de l'Hel

-

pont, ou du détroit des Dardanelles, est peu connue, & paroît figurée très-imparfaitement dans les cartes. Voici ce que je remarque plus distinctement sur cette côte. Entre le cap Asperosa & une pointe nommée *Fanari*, dans un intervalle que le Portulan grec indique de 15 milles ; la mer par un enfoncement donne entrée dans un lac, qui doit être le *Bistonis* de l'antiquité. Ensuite vient au fond d'une anse l'ancienne *Maronea*, qui conserve son nom ; puis un grand promontoire, dont le nom est *Macri*, & que je trouve indiqué positivement par les Anciens sous le nom de *Serrium*, avec un château, auquel je crois devoir ramener le nom de *Castro-Saros*, que les cartes marines transportent au delà de l'Hèbre ou de la Marisa. Le Portulan grec compte 50 milles depuis Fanari jusqu'à ce promontoire, & 30 milles au delà pour l'ouverture d'un golfe, entre ce promontoire & un autre cap. Au fond de ce golfe est l'embouchûre de la Marisa, appelée autrement rivière d'Andrinople, & un lieu dont il est mention sous le nom d'*Eno*, comme en effet on fait que la ville d'*Ænos* étoit située près de l'une des deux embouchûres de l'Hèbre. En s'avançant dans le golfe appelé *Melanes* par les Anciens, on rencontre un port nommé *Brigi* ou *Ibrigi*, & dans l'enfoncement le plus reculé, le même Portulan indique un lieu sous le nom de *Magarouisi*, vis-à-vis duquel sont deux isles, dont la plus grande est défendue par une forteresse, qui étoit autrefois un monastère dédié à la *Pan-agia*, ou Toute-sainte. La côte qui se replie depuis le fond du golfe, court vers Garbin quart-de-ponent dans l'espace [d'environ 60 milles, jusqu'à un cap nommé *Stilia*, au delà duquel elle prend plus au sud, en tendant vers le cap *Greco*, qui est l'entrée du détroit des Dardanelles. Il étoit nécessaire pour suppléer à l'insuffisance des cartes en cette partie, d'entrer ainsi dans un détail de lieux, dont je me suis cru dispensé ailleurs. Mais, une position qu'il faut reconnoître avant que d'aller plus loin, c'est celle de l'isle de Lemnos, par un rapport immédiat à des points qui ont été mis en place, dont le principal est le mont Athos. On fait que cette isle est vulgairement appelée *Stalimene,* en joignant à l'altération du nom de *Lemnos* la prépofition de lieu, felon que l'ufage l'a introduit à l'égard de beaucoup d'autres dénominations.

Les Anciens ne paroiffent pas d'accord fur la diftance entre Athos & Lemnos. Pline l'indique de 87 milles, & dans Solin qui le copie, on lit 86. Plutarque compte 700 ftades, ce qui femble relatif au nombre des milles: car, à raifon de 8 ftades pour un mille, felon la compenfation ordinaire, 87 milles font 696 ftades. Mais, Etienne de Byzance ne marque que 300 ftades dans cette diftance, & on n'en conclut que 37 à 38 milles. Le voyageur Bélon, qui en parlant de l'éloignement de Lemnos à l'égard du mont Athos, ne le dit que de plus de 8 lieues, en donne une idée plus convenable au petit nombre de ftades ou de milles, qu'au plus grand. D'ailleurs, ce qu'on lit dans les Anciens, que l'ombre du mont Athos s'étend jufque fur l'ifle de Lemnos, & le témoignage de Bélon, qui dit l'avoir vû ainfi à la pointe de l'ifle qui regarde le couchant, n'aura point lieu avec une eftime exceffive de la diftance. Des favans & des critiques du premier ordre, Saumaife & Bayle, ont été embarraffés fur ce point : cependant, il y a moyen de l'éclaircir. Par les 300 ftades d'Etienne de Byzance, il eft naturel d'entendre des ftades de la plus grande mefure, & qui avoient prévalu dans l'ufage fur des mefures plus courtes. On en conclurra 28500 toifes ou à peu près, qui équivalent à 10 lieues de 20 au degré. Une autre diftinction à faire par rapport à la diverfité d'indication en cette diftance, c'eft que dans Etienne de Byzance elle peut fe borner au rivage qui borde le pied du mont Athos: au lieu qu'ailleurs, ayant pour objet l'ombre produite par l'interpofition de cette montagne au foleil couchant à l'égard de Lemnos, il convient d'y comprendre ce qu'on a eftimé d'intervalle entre le plus haut fommet de la montagne & le bord du rivage. Je vois dans Pline qu'il nous inftruit de ce que peut valoir la diftance qu'il indique, par la mefure qu'il donne de la circonférence de Lemnos, favoir 112 milles. On fait par Bélon, qui a vû cette ifle, & qui l'a décrite, que fa plus grande étendue eſt d'orient en occident, ce qui ſe borne néanmoins entre 12 & 13 milles de 60 au degré : de-ſorte que les quatre côtés de cette iſle, dont la figure en général approche d'un quarré, ne donnent qu'environ 47 de ces milles. Il en réſulte 44650 toiſes, en prenant le degré à 57000 toiſes de compte rond. Ainſi, les milles de Pline ne ſont que des eſpaces d'environ 400 toiſes, & les ſtades de Plutarque n'en valent qu'environ 50. Cette meſure de ſtade ne doit pas même être regardée comme accidentelle, puiſque l'eſpace du degré eſt comparé à 1111 ſtades dans le traité *de Cælo,* attribué à Ariſtote, ce qui déſigne un ſtade de 51 toiſes. De-là concluons, que les 86 ou 87 milles, ou les 700 ſtades, marqués pour la diſtance entre Lemnos & le mont Athos faiſant ombre ſur le coin de cette iſle, ne doivent s'eſtimer qu'environ 35000 toiſes; & ce que cette évaluation a de plus que celle qui ſe tire des 300 ſtades d'Etienne de Byzance, ſe concilie par la diſtinction de deux termes différens dans la diſtance.

La poſition de l'iſle de Lemnos dans notre carte étant relative à cette analyſe de diſtance, je remarque que le Portulan grec indique 98 milles entre le cap Canouiſtro ou Paillouri, & le *Palio-caſtro* de Lemnos, qui eſt préciſement la pointe de l'iſle tournée vers le mont Athos : & cet intervalle, en conſéquence de l'emplacement de Lemnos, ſe rencontre d'environ 97 milles à l'ouverture du compas, ſelon l'évaluation la plus convenable au mille grec, en le réduiſant à quatre cinquièmes du mille romain. On peut enſuite établir une liaiſon entre Lemnos & l'entrée du détroit des Dardanelles. Bélon fixe la largeur du canal entre les pointes de Lemnos & d'Imbros à 18 milles, & l'aire de vent eſt à peu près le nord-eſt en partant de l'eſt. D'Imbros au promontoire nommé *Maſtuſia* dans l'antiquité, aujourd'hui *capo Greco,* Pline marque 25 milles. Ces diſtances achèvent de remplir un grand intervalle, à partir, ſoit du mont Athos, ſoit même du cap Canouiſtro à l'ouverture du golfe de Salonique. Imbros a peu d'étendue, & Wheler qui a mis le pied dans cette iſle,

Lib. IV, c. 12.

la juge plus petite que Tenedos, dont la circonférence eft indiquée de 8o ftades par Strabon. Ainfi, on peut décider

 qu'il y a erreur dans le texte de Pline fur la circonférence d'Imbros, marquée de 72 milles. Je rapporterai pour terminer cet article, une obfervation faite par d'habiles officiers françois, fur le vaiffeau de roi l'*Efpérance*, en 1741 ; qui eft, qu'à environ une lieue au fud-fud-eft de l'ifle des Lapins, entre Tenedos & l'entrée des Dardanelles, le fommet du mont Athos a été relevé à oueft quart-nord-oueft, variation corrigée. Or, j'ai lieu de conclurre de ce relèvement, que le mont Athos dans fa latitude ne doit paffer 40 degrés que d'environ 10 minutes, & non pas de 30, comme dans les autres cartes. Car, pour arriver à cette hauteur, il faudroit fuppofer une erreur d'environ 15 degrés dans l'angle du relèvement; ou bien vouloir que le lieu d'où part le rayon, quoiqu'étant peu éloigné de Tenedos, paffe néanmoins la latitude qui a été obfervée aux vieux châteaux des Dardanelles. J'ajoûte, que ce rayon laiffant l'ifle de Lemnos en fon entier dans le fud, il s'enfuit, que cette ifle n'eft point coupée dans fon milieu par le parallèle de 40 degrés, comme on le voit ailleurs; & il n'y a que les pointes feptentrionales de l'ifle qui puiffent atteindre à ce parallèle, ainfi qu'en effet je le remarque dans la carte manufcrite que j'ai citée plufieurs fois.

V I I.

Détroit des Dardanelles, Propontide ou mer de Marmara.

J'AI fait une defcription particulière de l'Hellefpont, ou du détroit des Dardanelles, dans un Mémoire donné à l'Académie royale des Infcriptions & Belles-Lettres, & auquel j'ai joint une carte à grand point d'échelle & très-circonftanciée. Quoique dans ce Mémoire mon objet principal, & plus relatif aux recherches de l'Académie, à laquelle j'ai l'honneur d'être affocié, foit de reconnoître les lieux dont il eft fait mention dans l'antiquité; j'y ai néanmoins rendu compte des moyens

qui

qui avoient fervi de fondement à la conftruction de la carte ; & j'en ferai ici une expofition fommaire, pour ne point laiffer de vuide fur une partie, qui n'eft pas la moins importante dans la carte de l'Archipel, encore qu'elle n'y occupe pas une grande place.

Une carte manufcrite & très-ample de la mer de Marmara, qui m'a été communiquée par M. le Marquis d'Antin, repréfente fort en détail les rivages du détroit comme de cette mer. Mais, la carte dont je parle demande une très-grande réforme dans fon échelle. Car, par l'évaluation pofitive de plufieurs efpaces, par la différence des hauteurs obfervées aux Dardanelles & à Conftantinople ; les milles qui font donnés fur le pied de 60 au degré, fe trouvent tellement inférieurs à cette proportion, qu'il en faut plus de 90 pour remplir l'efpace du degré ; ce qui les réduit précifément, & comme il convient, à la valeur du mille grec par rapport au mille romain. En même temps que cette réforme refferre le détroit dans de juftes bornes, l'indication de la pofition refpective de quelques lieux principaux, affure le gifement & la direction de ce détroit en différentes parties de fon étendue.

La latitude aux vieux châteaux des Dardanelles eft de 40 degrés 9 minutes, felon l'obfervation de M. de Chazelles. Du vieux château d'Europe au nouveau château d'Europe, le rayon décline de l'oueft au fud d'environ 30 degrés, & la diftance s'évalue à 9 milles de 60 au degré, ou à 14 milles grecs. Les nouveaux châteaux gifent entr'eux nord & fud, à 1970 toifes de diftance conclue par des opérations fur les lieux. Les vieux châteaux font à peu près fur un même parallèle, & l'intervalle d'un rivage à l'autre ne s'étend qu'à 750 toifes. Ce n'eft pas même l'endroit le plus ferré du détroit, parce qu'à environ 3500 toifes au nord des vieux châteaux, deux pointes qui fe rapprochent, ne laiffent de canal entre elles qu'environ 375 toifes. Dans le Mémoire donné à l'Académie, j'ai fait voir que c'eft l'endroit où Xerxès fit jeter un pont, pour le paffage de la plus prodigieufe armée dont il ait été parlé : & vû qu'il eft marqué dans l'antiquité que

E

Herod. Polymn.
34. & Mel-
pom. 85.

la longueur de ce pont étoit de 7 ſtades, la meſure du ſtade
ne s'étend qu'à cinquante & quelques toiſes, & c'eſt én effet
ſur ce pied-là qu'il convient quelquefois de prendre les ſtades
dans les écrits des Anciens. La pointe de terre qui reſſerre le
détroit du côté de l'Europe, étant l'emplacement de l'ancienne
Seſtos, les veſtiges qui ſubſiſtent d'*Abydos* ſur le rivage d'Aſie,
n'y ſont pas directement oppoſés, mais à environ 1600 toiſes
Lib. XIII, pag.
591.
en deçà. Strabon marque 30 ſtades dans cet intervalle de
poſition, & c'eſt ce qui convient ſur une pareille meſure de
ſtade que ci-deſſus.

· Les anciens Itinéraires fourniſſent une ſuite de diſtances
bien vérifiées, & très-convenables aux circonſtances du local,
entre Abyde & *Alexandria-Troas,* dont les ruines ſur le rivage
qui regarde Tenedos, ſont priſes communément & par igno-
rance pour celles de l'ancienne Troie. La meſure itinéraire
de 37 milles ſe trouve réduite en droite ligne à 34, parce
qu'entre Abyde & l'emplacement d'*Ilium,* peu diſtant du
nouveau château d'Aſie dans le ſud, la route paſſant par
Dardanus, dont le nom a fait celui des Dardanelles, circule
autant que l'exige un grand contour que décrit le détroit en
cet intervalle. Pour s'avancer au delà d'Abyde, la diſtance
juſqu'à Lamſaki, que Strabon indique de 170 ſtades, répond
à l'eſpace que donne la carte de la mer de Marmara par
la correction de ſon échelle. Car, 26 à 27 milles que l'on
meſure ſur cette carte, tiennent lieu de 15900 toiſes ou
environ; & les 170 ſtades qui paroiſſent de grands ſtades,
donnent un calcul de 15980. La diſtance entre le rivage
de Lampſaque & celui de Gallipoli ne s'eſtime que de 5 à 6
milles. Le canal eſt même beaucoup plus reſſerré à la hauteur
de Lampſaque directement, n'ayant que 15 ſtades de largeur,
Hellenic. Lib. II.
comme on l'apprend de Xénophon, dans le récit de la défaite
des Athéniens à *Ægos-potamos.* Thevenot, voyageur très-
exact, compte 35 milles entre les vieux châteaux & Gallipoli,
& ſur ce que vaut le mille grec on en conclurra environ
21000 toiſes, comme en effet c'eſt la diſtance qui convient.
J'ajoûte, que le rayon de la pointe d'Abyde ſur Gallipoli

paroît le nord-est plein. On ne sauroit douter que cette position de Gallipoli ne soit renfermée dans la péninsule, qui est l'ancienne Cherfonèse de Thrace: l'isthme de cette péninsule, que par rapport à sa largeur on nomme Hexamile, passe même la position de Gallipoli d'environ 15 milles. Si dans toutes les cartes marines on voit Gallipoli hors des limites de la péninsule, c'est parce que les connoissances géographiques n'ont guère de part à la construction de ces cartes. Hérodote & Xénophon nous apprennent, que la largeur de l'isthme dont je viens de parler, & qui fut autrefois fermé d'un mur, comme l'isthme de Corinthe l'a été, est de 36 ou de 37 stades. On en conclud 3500 toises au plus. Ainsi, dans cet espace, qui n'est appelé *Hexamile* que parce qu'on l'estime de 6 milles, la mesure du mille se réduit à moins de 600 toises, & pour remplir l'espace d'un degré il faut compter environ 98 milles de cette mesure.

Her. in Erat: tuem. 36.

Xen. Hellenic: III.

Le nom de *Bras de Saint-George* qu'on a donné au détroit depuis quelques siècles, vient d'un lieu ruiné actuellement sur le rivage, vers l'endroit où l'on peut dire que le bassin de la Propontide & le détroit se confondent l'un avec l'autre. La côte qui tend au vent Grec jusqu'à Rodosto, tourne de-là vers le levant, en décrivant néanmoins une portion de cercle vers le sud dans l'intervalle de Rodosto à Constantinople. On remarque sur une langue de terre des vestiges de l'ancienne ville de *Perinthus*, qui ayant pris le nom d'*Héraclée*, a été la métropole de l'église de Byzance, avant que celle-ci fût élevée à la dignité patriarchale, que le rang de Constantinople en qualité de capitale de l'empire en Orient, lui a procuré. Les Itinéraires romains comparés entr'eux, & vérifiés en chaque distance particulière, par un rapport de proportion entre les espaces correspondans sur le local, fournissent 82 milles de route entre Rodosto & Constantinople. Mais, vû que cette route passant par les lieux maritimes suit l'arc que décrit le rivage, & qu'elle circule en quelques endroits; il m'a paru que la ligne directe ne devoit s'estimer que 77 à 78 milles: en sorte que par l'évaluation du mille romain à 756

toiſes, cet eſpace ne s'évalue qu'à 58600 toiſes ou environ.
L'échelle de la carte de la mer de Marmara dont j'ai parlé,
donnant ſur la même direction 98 milles, il en faut conclurre
que la meſure de ces milles ne s'étend tout au plus qu'à 600
toiſes, ce qui la rend inférieure d'un cinquième pour le moins
à la meſure du mille romain. J'ai obſervé précédemment, que
c'eſt ainſi qu'on peut déterminer la longueur du mille grec
d'uſage ; & la meſure du circuit de Conſtantinople m'a fait
rencontrer la même détermination dans le Mémoire que j'ai
donné à l'Académie ſur les Dardanelles.

La latitude & la longitude de Conſtantinople ſont fixées
par des obſervations, en trouvant néanmoins quelque diverſité
dans l'indication, même ſur la latitude, 41 degrés 1 minute,
ou 41. 6. Quant à la longitude, ſur laquelle le doute de
quelques minutes de degré eſt plus permis, le point de Conſtantinople marqué à 26 degré 33 à 34 minutes de Paris
dans la Connoiſſance des Temps, ſe rencontre à 26. 36 dans
notre carte, où en comptant la longitude du premier méridien, la différence entre Paris & ce méridien eſt ſuppoſée de
20 degrés de compte rond. La deſcription du Boſphore de
Thrace ou du canal de Conſtantinople, eſt ſuſceptible d'un
détail beaucoup plus grand qu'il ne convient à l'analyſe d'une
carte, où cet objet ne peut être que très-reſſerré. Dans le
Périple d'Arrien, la navigation entre Byzance & l'entrée
du Pont-Euxin eſt de 160 ſtades, en raſſemblant pluſieurs
diſtances particulières. Le *Fanum Jovis Vrii*, ou de Jupiter
diſtributeur des bons vents, eſt indiqué à 120 ſtades au delà
de Byzance à notre égard, & à 40 en de-çà des *Cyanées*,
qui ſont des écueils près du rivage, au débouquement de la
mer Noire. Le lieu qu'occupoit autrefois ce temple eſt appelé
Yoron, près du nouveau château d'Aſie. Car, le Boſphore,
ou *Bogaz*, comme diſent les Turcs, eſt défendu en deux
endroits plus reſſerrés qu'ailleurs dans leur largeur, par des
châteaux vieux & nouveaux, comme le détroit des Dardanelles. Les replis du canal ne permettent pas d'employer
l'eſpace de 120 ſtades en droite ligne, depuis la pointe de

l'ancienne Byzance ou du Sérail jufqu'au lieu défigné ci-deffus. Selon l'échelle d'une carte du Bofphore par un Ingénieur françois, l'intervalle n'eft que d'environ 9400 toifes, qui ne valent que 100 ftades au plus. Mais, la plus grande difficulté fur ce qui concerne le Bofphore, c'eft de favoir quelle eft la direction du canál en entrant dans la mer Noire. Il y a des cartes où cette entrée regarde le nord, ou le nord-nord-eft pour plus grande déclinaifon : & toutefois, dans plufieurs autres cartes, elle eft ouverte au levant, en déclinant même d'un quart de vent vers le fud dans la carte que je viens de citer. S'il y a quelque défaut de juftefſe dans l'orientement de cette carte, je n'ofe décider qu'il puiſſe être de toute la quantité dont il s'écarte d'un orientement différent.

Pour paſſer enfuite au golfe de Nicomédie, il faut traverfer le canal un peu obliquement entre la pointe du Sérail & l'emplacement de Chalcédoine, qu'aujourd'hui on appelle *Cadi-keui*. Cet intervalle n'eft que de 7 ftades, ou d'environ un mille, felon Pline. La repréfentation du golfe n'eft point tirée *Lib. IX, c. 15.* de la carte de la mer de Marmara, qui ne donne aucun détail fur ce golfe. Un morceau particulier, dont on eft redevable à M. Peiffonel, Conful de France à Smyrne, & Correfpondant de l'Académie, y a fuppléé. Par l'examen que j'ai fait de ce morceau, il m'a paru néceffaire de l'affujétir à une mefure d'échelle définie avec quelque précifion, non-feulement dans la totalité de l'étendue du golfe, mais en plufieurs efpaces pris en particulier. Les anciens Itinéraires, celui de Bourdeaux comme celui d'Antonin, & la Table, donnent lieu de compter, en les comparant, 37 ou 38 milles entre Chalcédoine & *Libyſſa*, aujourd'hui Ghebizê, & 25 au plus entre ce lieu & Nicomédie. Donc, en total 62 ou 63 ; & on trouve dans Pline cette même mefure de diftance itinéraire fixée à *Lib. V, c. 32.* 62 milles & 500 pas. Il ne conviendroit pas que la ligne directe en cet efpace fût égale à la mefure du chemin ; & par ce qu'elle n'y eft inférieure que de 3 à 4 milles, cette réduction ne fera pas eftimée trop forte. On reconnoît le nom de Nicomédie dans celui d'*is-Nikmid*, felon l'ufage d’attacher la prépofition de lieu à la dénomination propre. Les gens de mer, auxquels Nicomédie eft un nom inconnu, difent fimplement *Ifmit*.

En doublant une pointe que les Turcs appellent *Bouẓ-bouroun*, ou cap de glace, on entre dans un autre golfe, auquel *Moudania* communique fon nom, & qui prenoit autrefois celui de *Cium*, ou de *Ghio*, dont l’emplacement eft plus reculé, & à l’extrémité du golfe. Je trouve dans la Géographie turque, intitulée *Gihan-numa* (miroir du Monde) que l’on compte 80 milles de Conftantinople à Moudania, & dans cette diftance on ne peut eftimer les milles que fur le pied d’environ 100 au degré. L’auteur de cette Géographie, *Kiatib Tchelebi*, dit précifement, que nonobftant ce compte de 80 milles entre Conftantinople & Moudania, la diftance de Conftantinople à Burfa ne vaut rigidement que 61 milles & demi. Cependant, l’éloignement de Burfa à l’égard de Conftantinople ayant un excédent fur celui de Moudania, qu’on ne peut moins eftimer que 15 milles de 60 au degré, qui en font environ 25 d’une autre efpèce : j’en conclus, que le Géographe turc abandonnant une mefure de mille fort altérée & raccourcie, fait ufage dans cette in-dication fcrupuleufe de la diftance de Conftantinople à Burfa, des milles qui répondent au nombre des minutes dans le degré, principe adopté affez généralement par les Mathé-maticiens, & qui à raifon de 3 milles pour lieue, répond au compte qui eft établi de 20 lieues marines pour un degré. Je remarque, que parce que la pofition de Burfa s’écarte du méridien de Conftantinople, la différence de hauteur entre ces deux villes n’égale pas tout-à-fait la diftance, & qu’elle peut s’eftimer d’un degré affez précifément & de compte rond. Les Turcs ne prononçant point deux confonnes de fuite au commencement d’un mot, & changeant volontiers la prononciation du *P* en *B*, ont établi l’ufage de corrompre le nom de *Prufa* en celui de *Burfa*.

Pour achever ce qui concerne la mer de Marmara, c’eft d’après la carte particulière de cette mer, que l’on peut figurer dans un grand détail, & autrement que dans les cartes marines, la prefqu'ifle de Cyzique ou d'Aidaki, l'ifle qui a changé fon nom de *Proconnefe* en celui de *Marmara*, à caufe de fes carrières de marbre blanc, dont le tombeau de Maufole à Halicarnaffe étoit incrufté, felon Vitruve; & plufieurs autres ifles adjacentes & de moindre étendue. Je dois faire obferver néanmoins, que l'inclinaifon du détroit depuis l'endroit que j'ai dit être le plus refferré, & en tendant vers Gallipoli & Lampfaque, m'ayant été indiquée prendre plus de l'eft que dans la carte dont je parle; cette plus grande inclinaifon influant fur une partie contigue, la rabaiffe dans le fud, & donne plus de profondeur à l'anfe de mer qui fuccède au détroit, & qui contient les ifles dont je viens de faire mention. Au-refte, je defirerois qu'il n'y eût rien de plus foible dans la carte de l'Archipel, que ce qu'elle donne du détroit des Dardanelles & de la mer de Marmara.

V I I I.

Côte de l'Anatolie depuis le détroit des Dardanelles jufqu'à E'phèfe.

LA diftance depuis le cap de *Yeni-hifari*, ou des nouveaux châteaux, qui eft le *Sigeum* de l'antiquité, jufqu'au *Baba-bouroun*, ou cap du Père, n'eft pas auffi grande que la donnent les cartes marines. Strabon nous inftruit, qu'entre *Ilium* & le promontoire *Lectum*, qui eft le cap Baba, il n'y a guère plus de 200 ftades d'intervalle. L'auteur que je cite eft ici d'un grand poids, l'ancienne Troade étant dans fa Géographie ce qu'il paroît avoir étudié fur les lieux avec plus de curiofité, & ce qu'il décrit d'une manière plus circonftanciée. Au lieu d'environ 22 milles de 60 au degré dans l'efpace dont il s'agit, les cartes marines en fourniffent plus de 30. Vis-à-vis des ruines d'Alexandrie de la Troade, que l'on appelle aujourd'hui Efki-Stanboul, à 40 ftades de diftance, felon Strabon, eft l'ifle de Tenedos, à laquelle dans une carte de l'ancienne Gréce on a donné une étendue, qui vaut environ feize fois celle qui lui convient.

Lib. XIII, p. 605.

Ibid. p. 604.

La direction que prend la côte vers le levant, en s'éloignant du cap Baba, forme un des côtés du golfe d'*Adramytti*, que les gens de mer appellent *Landemitre*. Strabon fait compter 260 ſtades, en pluſieurs diſtances, depuis le promontoire *Lectum*, juſqu'à la pointe de *Gargara* ; & dans le *Portolanos* en Grec vulgaire, je trouve qu'il eſt mention d'un château ſous le nom de Gorgona, au lieu de Gargara, dans le même emplacement. De-là juſqu'à *Adramyttium*, la Table Théodoſienne indique 32 milles, en paſſant par Antandre; & ces indications tirées de l'antiquité ſont plus poſitives, que la manière vague dont cette côte paroît figurée dans les cartes marines, depuis le cap Baba juſqu'au plus grand enfoncement du golfe. Dans le retour de la côte vers le ſud, ce golfe eſt reſſerré par une pointe, entre laquelle & celle de Gargara Strabon fixe l'intervalle à 120 ſtades. Les cartes les plus récentes de l'Archipel, & notamment celle que j'ai manuſcrite, figurent enſuite un rivage avec de grandes ſinuoſités, & couvert de pluſieurs iſles, dont le nom actuel eſt *Muſco-niſi*, ce qui peut ſignifier *iſles des Souris*. Strabon qui en parle ſous le nom d'*Hecaton-neſi*, veut que cette dénomination ſe rapporte à Apollon, qui étoit appelé *Hecatus :* & comme le nombre de ces iſlés ne paroît pas approcher d'une centaine, Strabon n'en comptant même que vingt; on admettra plus volontiers cette interprétation, que celle qui eſt propre au terme ἑκατὸν, nonobſtant qu'elle ſoit employée dans les verſions d'Hérodote & de Diodore de Sicile, qui ont fait mention de ces iſles.

Au ſud des Muſco-niſi, la mer creuſant le rivage, forme un golfe, au fond duquel l'emplacement de l'ancienne *Elœa*, qui étoit le port de Pergame, conſerve le nom d'*Ialea*, que l'on trouve ſur le plan particulier de l'iſle de Metelin, dans l'Archipel, qu'un graveur vénitien, nommé Boſchini, a publié. Ce golfe eſt terminé par un cap, qui d'un lieu voiſin nommé *Canæ* étoit appelé *Cana*, & dont le nom eſt changé en celui de *Coloni* dans les cartes marines. Entre E'lée & ce cap la diſtance eſt de 100 ſtades, ſelon Strabon. L'iſle de *Lesbos*,

qui

Lib. XIII,
p. 606.

Ibid. p. 618.

Herod. Clio,
151.
Diod. lib. XIII.

Lib. XIII,
p. 615.

qui porte aujourd'hui le nom de la ville de *Mytilene*, & que les Grecs appellent *Mytileni* ou *Mytlin*, couvre par son étendue en position oblique, l'ouverture du golfe Adramyttène. Cette isle n'étant point couchée d'occident en orient, comme en plusieurs cartes, s'étend dans la plus grande partie de sa longueur du maestre ou nord-ouest, au syroc ou sud-est, depuis le port nommé Petera, qui est celui de l'ancienne ville de *Methymna*, jusqu'au cap dont le nom ancien est *Malea*, aujourd'hui Sainte-Marie. Cette position se concilie avec ce qu'on apprend de Strabon, qu'à Methymna l'isle n'est éloignée du rivage de la Troade que de 60 stades, ce qui s'accorde à la distance de 7 milles & 500 pas que Pline marque entre Lesbos & le continent. D'un autre côté, & en tournant vers le midi, il y a entre l'isle & un autre endroit du continent, qui est cette pointe dont j'ai parlé sous le nom de *Cana*, & qui autrement étoit appelée *Ægan*, une proximité que les cartes marines n'expriment point. La grande victoire qu'une flotte Athénienne remporta sur celle des Lacédémoniens près des petites isles Arginuses, a rendu cet endroit remarquable dans l'antiquité. Et Strabon en comptant 70 stades entre Mytilène & le promontoire de l'isle appelé Malea, & 120 de Mytilène à Cana & aux Arginuses, n'indique par conséquent que 50 stades d'éloignement entre Malea & le promontoire du continent. En assujétissant ainsi la position de l'isle par deux endroits, on n'est point surpris d'y trouver de la conformité avec les cartes les mieux orientées sur cette position.

Mais, je suis dans l'obligation d'observer, que ces cartes ne sont point disposées convenablement, sur le rapport qu'il faut reconnoître entre la pointe méridionale de l'isle & celle du continent, qui va en quelque manière à sa rencontre. Les cartes dont je parle, ne donnent point assez de saillie à cette dernière pointe, qui y est nommée Coloni, & où commence un autre golfe, dont la côte septentrionale dans le lieu qu'un temple d'Apollon rendoit autrefois célèbre, & nommé *Grynium*, n'est distante d'Elée que de 70 stades, comme on l'apprend de Strabon. De *Grynium* à *Cuma* ou

Lib. XIII, pag. 616.

Lib. V, c. 31.

Lib. XIII, pag. 617.

Ibid. pag. 622.

F

Cyme, dans le fond du golfe, le même auteur indique 80 ſtades, & pareillement 80 ſtades pour la largeur du golfe à ſon entrée. On peut juger que *Sandarlic*, qui donne aujourd'hui le nom à ce golfe, eſt dans l'émplacement, ou à peu près, de l'ancienne *Myrina*, entre *Cuma* & *Grynium*. En ſe portant à Phocée-la-neuve, on ſe trouve à l'entrée du golfe de Smyrne.

Nous ferons difpenfés d'une pareille difcuffion dans le détail à l'égard de ce golfe. M. le Marquis d'Antin étant ſur les lieux, en a fait lever un plan très-circonſtancié, qu'il a bien voulu me communiquer. Ce plan eſt affujéti à une échelle en toiſes : & du relèvement fait à Smyrne par M. Peiſſonel, du cap Cara-bouroun, qui eſt la pointe occidentale de l'entrée du golfe vis-à-vis de Phokia, j'ai lieu de conclurre que le nord de la Bouffole ſur le plan, doit décliner du nord de Monde d'environ un quart de vent vers l'oueſt. Les obfervations du P. Feuillée nous donnent la latitude de Smyrne : & la longitude où cette poſition ſe rencontre par la conſtruction de notre carte, ſe renferme dans la différence d'environ 10 minutes de degré qu'on trouve entre diverſes indications, ce qui ne fait point une erreur fenfible dans une détermination de longitude, puifqu'on a peine de convenir à quelques minutes près, ſur les lieux où les obfervations ont été réitérées bien plus d'une fois.

Par M. le Roi.

La dénomination de *Cara-bouroun*, qui fignifie en turc le cap Noir, eſt la même que celle de *Melæna acra*, qu'on trouve dans Strabon. C'eſt par corruption que dans les cartes marines ce cap eſt appelé *Calaberno*, & dans quelques-unes même *Bernus* tout fimplement, ce qui fait perdre de vûe la véritable dénomination. La grande péninfule, qui eſt à la droite du golfe de Smyrne en venant du large, & qui fait face à l'ifle de *Chios*, ou *Scio*, comme on dit aujourd'hui, forme à l'extrémité oppofée un autre promontoire, dont le nom de cap Blanc repréfente également l'ancienne dénomination d'*Argennon acra*, de laquelle Strabon & Thucydide font mention. Strabon nous inſtruit, que la largeur du canal

Lib. XIV, pag. 645.

Strab. lib. XIV, pag. 644. Thuc. lib. VIII.

entre ce dernier promontoire & le rivage de *Chios*, eft de 60 ftades. Il y a un rapport immédiat entre la côte de la péninfule qui fait face au couchant, & la côte de Scio qui lui eft directement oppofée, en forte que l'emplacement de l'une de ces terres détermine l'autre. Je remarque, qu'une obfervation de la latitude faite dans le canal prefque à la hauteur du port de Scio, & qui m'eft indiquée par la carte manufcrite de l'Archipel, eft affez précifément convenable à la même latitude dans notre carte. Et on peut en tirer une conféquence favorable à la manière dont le golfe de Smyrne fe trouve orienté, puifque la pofition de la péninfule vis-à-vis de Scio, & conféquemment celle de l'ifle de Scio, en font une fuite. La circonférence de 900 ftades que Strabon donne à Scio, paroît convenable en ftades dont on a fait ufage fur le pied de dix pour un mille. L'ifle eft rétrécie vers la hauteur de la ville de Scio, par un enfoncement de mer du côté du couchant, qui réduit la largeur à 60 ftades. Selon Strabon, la petite ifle de *Pfyra*, ou comme on dit aujourd'hui *Ipfera*, n'eft féparée de Scio que par un intervalle de 50 ftades, autrement 60, comme le traducteur de Strabon qui a précédé Xylander paroît avoir lû dans le texte. Je remarque enfuite, que la place que prend Ipfera à l'égard de ce qui en eft plus à portée dans l'Archipel, d'un côté le port Sigri en Metelin, de l'autre la pointe de Skyro, fe rencontre en pofition convenable aux autres cartes qui paroiffent les mieux conftruites. S'il y en a où l'obliquité de pofition entre Ipfera & Sigri foit plus grande, ces cartes mettent dans la néceffité, ou de rapprocher Smyrne, ou de reculer les Dardanelles & Conftantinople.

En rangeant le rivage méridional de la péninfule dont j'ai parlé, on trouve à environ 20 milles au delà du cap Blanc, un autre cap plus avancé dans le fud, & dont le nom dans l'Antiquité étant *Coryceon* ou *Corycum*, je foupçonne que celui de *Courbo* qu'on lui donne dans les cartes marines, tient lieu de *Courco*. De ce cap en tendant vers l'entrée de la rivière d'Ephèfe, ou du Cayftre, que les Turcs appellent

Kitchik-Mender, ou petit Meandre, la côte rentre dans les terres, en décrivant une ligne courbe; & on compte environ 70 milles dans cet intervalle, ce qui fait 90 à compter du cap Blanc, & la mesure du mille grec y paroît fort convenable. Vers le sommet de cette courbe est un port nommé *Sigagik*, qui est celui de l'ancienne ville de *Teos*, laquelle occupoit une langue de terre, qui resserre le bassin de ce port, & en rend l'entrée très-étroite, comme on l'apprend de Tite-Live. Il faut que cette courbure de la côte creuse le rivage plus sensiblement que dans les cartes marines, par la raison que le rivage du golfe de Smyrne vis-à-vis de celui-là étant fixé par la configuration de ce golfe, selon le plan particulier qui a été levé sur les lieux, l'intervalle de l'un à l'autre rivage est l'isthme ou le col d'une péninsule. Car, du port de *Teos* en s'avançant au nord, comme le dit Strabon, jusqu'à *Cherræidæ*, que je reconnois sous le nom de *Keriadeh* dans le plan du golfe de Smyrne, la distance n'est que de 30 stades; & la largeur d'un terrein plus avancé dans la péninsule, n'est évaluée qu'à 50 stades par le même auteur.

A Sigagik succède un port, que les Turcs appellent *Yalangui-liman*, le port menteur ou trompeur, parce qu'on s'y trompe en le prenant pour Sigagik; & je pense qu'il n'y a point de méprise à prendre ce lieu pour celui de *Myon-nesus*, qui est décrit dans Tite-Live. Suit une pointe de terre fort déliée, ce qui lui a fait donner le nom de *Psili-bouroun*; & de là jusqu'à Ephèse on compte 35 milles. Dans cet intervalle, *Colophon*, dont on ne parle plus, n'étoit qu'à 70 stades d'Ephèse en droiture & par mer, selon Strabon. On sait qu'Ephèse est à quelque distance de la mer, & que cette ville qui tenoit autrefois le premier rang dans la basse Asie, n'est plus qu'un monceau de ruines. Le nom qui lui est propre a même cessé d'être en usage; & on lui a substitué celui d'*Agio-tzoluk*, qui se rapporte à Saint-Jean l'Evangéliste, que les Grecs appellent le Saint-Théologien, *Agios-Tzeologos*, en glissant sur le *Th*, par un usage qui s'est établi vers la

Lib. XXXVII.

Lib. XIV, pag. 644.

Lib. XXXVII.

Lib. XIV, pag. 643.

décadence de l'Empire Grec. Strabon indiquant la diſtance *Lib. XIV, pag.*
entre Smyrne & Éphèſe de 320 ſtades, c'eſt préciſément *632.*
ce que la carte admet à l'ouverture du compas. Dans le
voyage aux ſept Egliſes d'Aſie, Smith compte 46 milles
d'Éphèſe à Smyrne ; & la comparaiſon de ce nombre de
milles à celui des ſtades fait connoître, que chaque mille
répond à 7 ſtades, conformément à la réduction que le mille
a ſoufferte ſous le bas Empire. La combinaiſon de la diſtance
d'Éphèſe à l'égard de Smyrne, avec celle dont j'ai parlé en
décrivant la côte qui depuis le cap Blanc vis-à-vis de Scio
conduit à Éphèſe, étoit un moyen de ranger Éphèſe dans ſa
poſition. On ſait d'ailleurs, que la route de Smyrne à Éphèſe
décline ſenſiblement du ſud vers le levant.

I X.

Suite de la côte d'Anatolie juſqu'où elle ſe termine
dans la Carte.

D'Éphèſe à un promontoire nommé autrefois *Trogilium*,
aujourd'hui *Samſon*, autrement cap de Sainte - Marie, on
compte 45 milles. Dans cet intervalle eſt *Scala-nova*, l'ancienne *Neapolis* dont parle Strabon, à 3 heures de chemin
d'Éphèſe, ſelon M. de Tournefort & pluſieurs autres voyageurs. La côte depuis Éphèſe court à peu près vers Garbin
ou Lébèche, en s'écartant du ſud. L'iſle de *Samos* n'eſt
ſéparée de cette côte que par un *bogaz*, ou canal, auquel
Strabon donne 40 ſtades de largeur vis-à-vis du *Trogilium*, *Ibid. p. 636.*
& 7 ſeulement ſous le mont *Mycale*, dont le *Trogilium*
eſt le pied. On trouve dans M. de Tournefort un plan
particulier & très-circonſtancié de Samos : mais, il faut ſe
défier de ſon échelle, ſelon laquelle la longueur de Samos
paſſeroit 50 milles, & ſon circuit 120, ſans ſuivre fort
ſcrupuleuſement les contours du rivage. M. d'Antin ayant
mouillé en deux endroits différens de la côte méridionale,
deçà & delà du cap que l'on nomme Colonni, le relèvement figuré qu'il a fait prendre de cette côte, ne l'étend

F iij

qu'à environ 27 milles de 60 au degré; & je penfe même qu'il y a plus que moins; de forte qu'en milles de l'Archipel, plus courts d'un cinquième que le mille romain, la mefure directe d'une pointe à l'autre ne comprend qu'environ 40 milles, & le circuit de l'ifle à peu près 95. Strabon indique ce circuit de 600 ftades, dont on peut conclurre en prenant le plus grand des ftades, 75 milles romains, & ce nombre de milles romains eft égal à 94 milles grecs, felon ce que le mille grec a de moins que le mille romain. Dans une carte de l'ancienne Gréce, Samos occupe un efpace, qui double l'étendue de cette ifle en furface, & qui lui en attribue davantage qu'à Chios, & qu'à Lefbos, quoique Strabon donne 900 ftades de circuit à la première de ces ifles, & 1100 à la feconde. Quand à l'égard de ces ifles les ftades paroîtroient d'une plus courte mefure par leur application au local, comme je l'ai obfervé en parlant de Chios, il ne s'enfuivroit pas que cette ifle, & encore même Lefbos, fe réduifent à une étendue inférieure à celle de Samos.

L'ifle *Icaria*, ou *Nicaria* comme on dit aujourd'hui, eft en liaifon immédiate avec Samos. Son étendue en longueur, que Pline indique de 17 milles & demi, fe concilie avec les 300 ftades que Strabon donne de circuit à cette ifle. La diftance de 50 milles à l'égard de Délos peut être eftimée convenable dans Pline, mais non pas celle de Samos fur le pied de 35 milles, à moins que la diftance ne foit point prife de cap en cap, mais qu'on la rapporte à l'ancienne ville de Samos, en doublant le cap Colonni. Je trouve dans la carte manufcrite de l'Archipel, une obfervation de la hauteur au fud de Nicaria, & par le travers de Pathmos directement, avec laquelle les pofitions de notre carte fe trouvent d'accord, ce qui peut faire juger favorablement de l'emplacement de Samos en latitude, & ce qui tient à Samos immédiatement participe à cet avantage.

Mais, en arrivant au *Trogilium*, après avoir circulé comme on a fait jufque-là autour de l'Archipel, ce qu'il nous eft très - eſſentiel d'examiner, c'eſt un moyen qui ſe préſente de reconnoître ce que cette mer peut avoir de largeur à cette hauteur. Strabon indique 1600 ſtades de diſtance entre le *Trogilium* & le *Sunium;* & il eſt remarquable que ces promontoires ſe placent préciſément ſous le même parallèle. Il n'eſt queſtion que de démêler de quelle meſure de ſtade Strabon fait uſage en cette diſtance. Les cartes de l'Archipel ſur leſquelles on peut faire le plus de fond, & entre autres la carte manuſcrite, roulent dans l'étendue de cet eſpace depuis 130 milles de 60 au degré juſqu'à 136. Notre carte ne donne que 127; & je vois ce qui contribue à y rendre la meſure un peu plus courte : c'eſt que dans les autres cartes la ſaillie du *Trogilium* ne croiſe pas aſſez ſur ce que Samos a d'étendue, & autant que le veut la carte particulière de Samos que j'ai citée, & qui repréſente cette iſle, & le canal reſſerré entre elle & le continent, beaucoup plus parfaitement que les cartes de l'Archipel. Si les ſtades étoient ici de la plus grande longueur, 1600 ſtades équivaudroient à 160 milles de 60 au degré, ce que les cartes n'admettent point. Mais, en convenant que ces ſtades ſont des ſtades inférieurs, & préciſément d'un cinquième, comme ils ſont fréquemment employés dans l'Antiquité; les 1600 ſtades, qui répondent bien à 160 milles romains, ne donnent que 128 milles de 60 au degré. La correſpondance qui ſe manifeſte ainſi avec ce que les cartes, & ſpécialement la nôtre, font trouver en cet eſpace, doit faire préſumer, que c'eſt en effet ce qui convient à la largeur de l'Archipel, dans une traverſe qui coupe cette mer par le milieu : on doit ſentir en même temps, combien il eſt important d'avoir rencontré juſte, ou à peu près, ſur cet article.

Au delà du *Trogilium*, qui dans les cartes marines eſt appelé cap de Sainte-Marie, à environ 25 milles de diſtance entre le midi & le ſyroc, ces cartes marquent une pointe de terre ſous le nom de cap de l'Arbre. Mais, dans cet intervalle, il faut faire mention de l'embouchûre du Méandre, & d'un lieu qui vient après, nommé *Palatſa;* & ce

que les cartes ne repréfentent point, il doit y avoir immédiatement après Palatfa, un golfe, diftingué autrefois par un
nom particulier, dérivé de celui de *Latmus*, qui étoit commun dans ce canton de pays à une montagne & à une
rivière. En fuivant la defcription très-circonftanciée que
Strabon fait de la côte Ionienne, dans laquelle il tient une
route contraire à celle que nous fuivons, c'eft-à-dire, du midi
tendant vers le nord ; on compte depuis Milet jufqu'à un
Ubi fuprà. lieu nommé *Pyrrha*, par le circuit d'un golfe, qui eft celui
dont il s'agit, environ 200 ftades, quoique la traverfée du
golfe en droiture de Milet à Pyrrha ne foit que de 30 ftades.
Et le lieu de Pyrrha eft défigné par la diftance de 50 ftades
à l'égard de l'entrée du Méandre dans la mer. Selon le récit
de quelques voyageurs, Palatfa eft à deux heures de marche
du Méandre, dans un lieu bas & marécageux, ce qui convient
à Pyrrha, non feulement par la diftance, mais encore par
la qualité du fol, que Strabon dit être aquatique & fangeux :
& on pourroit en inférer que le nom actuel de Palatfa dérive
du grec πηλός, & de πηλώδες, qui fignifient du limon, &
ce qui eft limoneux. Wheler paroît bien fondé à conjecturer,
que Palatfa eft Pyrrha, nonobftant qu'on y trouve une in-
fcription où il eft mention de la ville des Miléfiens, mais
qui n'eft point un monument de l'Antiquité, ne convenant
qu'à un temps où le Chriftianifme devoit être dominant
chez les Grecs. On peut objecter, que cette defcription &
ces rapports dans les circonftances du local, ne quadrent
Lib.V, cap.29. point à la fituation que Pline donne à Milet, lorfqu'il dit
que le Méandre fe rend dans la mer à 10 ftades de cette
ville. Mais, à l'autorité de Strabon fur ce point fe joint
Ibid. cap. 2. Ptolémée, qui, entre Milet & le Méandre, place avec Pyrrha
une Héraclée, que Strabon n'a point omife dans fa defcription, laquelle porte un caractère d'ordre & de précifion
dans le détail que l'on ne trouve point dans Pline. Milet eft
pareillement féparée du Méandre par la pofition d'Héraclée
In Periplo. dans Scylax. Et Pline doit encore être fufpect fur la diftance
Ubi fuprà. qu'il marque de 180 ftades entre un fameux temple voifin de

Milet

Milet & cette ville, vû que Strabon dit précifément que *Lib. XIV, pag.* cette diftance, foit par mer, foit par terre, eft peu confi- *634.* dérable. Ce temple n'étoit pas loin d'un promontoire appelé le *Pofidium* des Miléfiens, & qui doit être le cap de l'Arbre. Quelques petites iftes, qui, au rapport de Strabon, d'Arrien, de Paufanias, couvroient les ports de Milet, peuvent contribuer à faire connoître l'emplacement de cette ville, qui s'eft diftinguée autrefois plus qu'aucune autre des villes grecques, par le grand nombre des colonies qu'elle a fondées. Je n'ai pû éviter cette difcuffion particulière, dans l'obligation de conftater l'exiftence d'un golfe qui ne paroît point dans les cartes. Il faut même ajoûter, que les voyageurs qui ont paffé par Palatfa, ont rencontré le fond de ce golfe à quatre heures de marche au delà, comme on peut voir dans Wheler, où la route de ces voyageurs eft rapportée.

Au *Pofidium* des Miléfiens, ou cap de l'Arbre, fuccède un autre golfe, au fond duquel dans une ifle font des reftes de l'ancienne ville de *Iaffus*, que l'on appelle aujourd'hui *Aaffem-Kalafi*, ou château d'Aaffem. Dans le retour de la côte, en approchant du cap qui termine ce golfe, on retrouve un veftige de l'ancienne ville de *Myndus* dans le nom de *Mendes*. Ce cap paroît revenir au méridien ou à peu près, dont on s'écarte en quittant le cap de Sainte-Marie pour entrer dans les golfes dont j'ai parlé ; & la diftance en droiture peut s'eftimer d'environ 50 milles, comme on les compte dans l'Archipel, quoiqu'il y ait des cartes qui refferrent davantage cet efpace. Le nom du cap chez les Turcs eft *Gumichlu :* dans les cartes il eft nommé *Angeli,* ce qui rappelle le nom de *Theangela,* qui dans Pline eft celui d'une *Lib. V, cap. 29.* ville foûmife à Halicarnaffe, qui n'étoit pas loin de là. Entre ce cap & celui de Petera, dans un court intervalle, on trouve aujourd'hui Cara-baglar. Le cap Petera ou Petra, eft connu dans l'Antiquité fous le nom de *Termerium.* Une feche, que les navigateurs turcs défignent par le nom de *Dgianum-coja,* le couvre. L'ifle de *Cos,* ou comme on dit aujourd'hui *Stan-Co,* eft en liaifon immédiate avec ce

G

promontoire, en ayant un vers le nord qui n'eſt diſtant de celui du continent que de 40 ſtades, ſelon Strabon : & les 235 ſtades qu'il compte de navigation, depuis la ville de Cos, en tournant l'iſle par le côté du couchant juſqu'à l'extrémité méridionale, paroiſſent fort convenables à la meſure de ſtade plus courte d'un cinquième que celle du grand ſtade. Les iſles que les Anciens appeloient *Sporades*, comme paroiſſant *ſemées* dans la mer, environnent Cos. Cette dénomination générale des Sporades s'étendoit même juſqu'à des iſles, qui ſe renferment pluſtôt dans le cercle des Cyclades, comme eſt ſpécialement Amorgos, & Aſtypalée ou Stanpalia.

En doublant le cap Petera, on entre dans le golfe, qui de la ville de *Ceramus*, dont le nom ſubſiſte en celui de *Keramo*, étoit appelé Céramique, & auquel l'iſle de Stan-Co, ſituée à ſon entrée, communique aujourd'hui ſon nom. Un château qui ſe nomme *Bodroun*, ou ſelon le Portulan grec, *Petrouni*, & qui paroît occuper l'emplacement de l'ancienne *Halicarnaſſe*, précède Keramo ſur le bord ſeptentrional du golfe. A ſon extrémité eſt un lieu nommé *Giva*, qu'il ne faut point prendre pour Halicarnaſſe, quoique ce nom ſoit écrit en cette place dans pluſieurs cartes. La diſtance de 15 milles que Pline indique entre Cos & Halicarnaſſe, convient autant bien à Bodroun, qu'elle convient mal à Giva. Et dans le récit que fait Arrien du ſiége d'Halicarnaſſe par Alexandre, on voit qu'entre Halicarnaſſe & Myndus il y avoit une proximité, qui ne quadre point à l'éloignement de Giva. Il faut même uſer avec retenue de ce que l'on attribue à l'étendue du golfe en profondeur, pour que cet éloignement ne paroiſſe pas plus grand. J'ai deſſiné le rivage méridional d'après ce qu'un navigateur de Raguſe a figuré dans un plan communiqué à M. Peiſſonel. Il y a un endroit où l'ouverture du golfe étant reſſerrée, n'a que 5 milles de largeur, ſelon le Portulan grec.

Lib. V, cap. 31.

Exped. Alex. Lib. I.

Pour être pleinement dégagé du golfe de Stan-Co, il faut doubler une pointe de terre, qui eſt une petite péninſule, faiſant autrefois partie de la ville de *Cnidus*, dont il ſubſiſte des veſtiges. Ce promontoire, nommé *Triopium* dans l'Antiquité, & qui étant d'abord un terrein iſolé, avoit été joint au continent, eſt aujourd'hui appelé *capo Crio.* Les Anciens ont remarqué, que d'un obſervatoire à Cnide, Eudoxe avoit vû Canopus : c'eſt une étoile de la première grandeur, la plus brillante après Sirius, & dans le timon auſtral du navire Argo. Sa déclinaiſon de l'Equateur dans l'hémiſphère inférieur étant de 51 degrés & demi ou environ, cette étoile eſt viſible en rigueur à la hauteur de 38 degrés & demi dans l'hémiſphère ſupérieur. Or, la poſition de Cnide ſe rencontrant à un degré & trois quarts pour le moins au deſſous de cette hauteur, l'apparition de Canopus à l'horizon de Cnide n'a rien que de naturel, ſans parler de ce que la réfraction, (à laquelle on croit que les Anciens n'avoient point égard dans le réſultat des obſervations) peut ajoûter d'élévation au deſſus de l'horizon rationel. Au delà du cap Crio, la mer forme encore un golfe, auquel l'iſle de *Symi*, qu'il embraſſe à ſon ouverture, donne le nom : & ce golfe, par ſa profondeur dans les terres, ne laiſſant qu'un court eſpace entre ſon rivage & celui du golfe précédent ; on prétend que les Chevaliers de Saint-Jean de Jéruſalem, qui avec Rhodes occupoient les terres du continent les plus voiſines, avoient formé le deſſein de joindre les deux golfes par un canal. L'iſle que les Turcs appellent *Sanbiki*, du nom qu'on donne à des galiotes qui s'y conſtruiſent, eſt Symi. Dans le nom de *Meſſi*, qui eſt celui d'un port à l'entrée du golfe, on peut reconnoître un lieu, que ſous le nom d'*Hamaxytos* Pline déſigne être ſitué *Doridis in* *Lib. V. cap. 29.* *ſinu ;* car ce golfe eſt celui dont il s'agit.

A la pointe de terre-ferme qui ſuit le golfe, & dont le nom dans l'Antiquité eſt *Onugnatos*, ou mâchoire d'âne, aujourd'hui *capo di Volpe*, répond la pointe ſeptentrionale de l'iſle de Rhodes. Geminus & Ptolémée ont eſtimé la hauteur de Rhodes par environ 36 degrés, en y fixant le plus long jour de l'année à 14 heures & demie. Mais, cette hauteur obſervée par M. de Chazelle, paſſe les 36 degrés de 26 minutes. La circonférence de 920 ſtades, que Strabon *Gemin. Elem. Aſtron. Ptolem. Almag. lib. II.* *Lib. XIV.*

Euftath. in
Dionyf.

Lib. X, pag.
488.

Lib. V, cap. 31.

& Euftathe donnent à l'ifle de Rhodes, paroît très-convenable en y employant la mefure de ftade plus courte d'un
cinquième que la mefure du grand ftade. Les diftances indiquées par Strabon entre *Cos* & *Nifyrus* ou Nifari, entre
Nifyrus & *Telos*, aujourd'hui Pifcopia, entre *Telos* & *Chalcia*,
ne permettent point un plus grand intervalle entre Cos &
Rhodes que dans notre carte. Je remarque encore, que Pline
indiquant 12 à 13 milles de diftance entre Cnide & Nifyrus,
cette diftance fait exactement correfpondre la pofition de
Nifyrus à la pointe méridionale de Cos.

C'eft fortir de l'Archipel que de s'avancer au delà de
Rhodes : mais, je n'ai point voulu laiffer vuide dans la
carte un efpace renfermé dans fon quarré, & que le golfe
de Macri, & une partie de la côte de l'ancienne Lycie pou-
voient remplir : & je me ferois volontiers étendu fur ce
rivage jufqu'à Satalie, fi les limites de la carte ne m'euffent
arrêté. Quoiqu'on ne puiffe pas fe flatter d'avoir acquis une
connoiffance pofitive en tout point fur cette partie-là, elle
paroîtra moins imparfaitement traitée, & beaucoup plus en
détail, que dans toutes les cartes précédentes. Un mémoire
envoyé à l'Académie par M. Peiffonel, m'a inftruit de quelques particularités, qui m'ont aidé à faire ufage des notions
empruntées d'ailleurs. Pour ne m'expliquer qu'en général fur
ce fujet, je dirai, que la difpofition du total roule princi-
palement fur la diftance de Rhodes au premier des Sept-
caps, de Rhodes à Caftel-roffo, du premier des Sept-caps à
Macri : & de Macri à Finica, ce qu'il y a de diftance eft
établi fur l'eftime d'une route, qui coupe dans les terres d'un
lieu à l'autre immédiatement. La hauteur qui a été obfervée
de 36 degrés & environ un quart au cap Chelidoni, lequel
eft peu au delà de Finica, a dû déterminer, du moins à
peu près, celle qui peut convenir à Finica. Mais, je dois
m'étendre plus particulièrement fur une pofition, qui s'écarte
moins de notre objet principal, & dont même il auroit été
queftion précédemment, fi cette pofition convenoit à l'emplacement qu'on lui a donné dans d'autres cartes.

A une petite diftance du cap Volpe, ou de la pointe du continent la plus voifine de Rhodes, le port que l'on nomme *Cavalier* eft couvert d'une ifle, dont Strabon fixe la diftance à l'égard de Rhodes à 120 ftades; & en rangeant la côte, on trouve à environ 15 milles un autre port, dont le nom actuel de *Phyfco* eft le même que *Phyfcus* dans l'ancienne Géographie. Le Portulan grec nous apprend, que l'ouverture de ce port, qui renferme une ifle, eft tournée vers fyroc, & qu'en avançant dans la *Culata,* à 10 milles de l'entrée vers Tramontane, on y voit trois *Nefo-poules,* ou petites ifles. Ce port eft celui d'une ville, dont le nom de *Mylafa,* qui lui eft propre dès l'Antiquité, fubfifte encore; quoiqu'elle foit auffi appelée *Marmora,* à caufe des carrières de marbre blanc qui font dans une montagne à laquelle cette ville eft adoffée, & dont elle tiroit autrefois un grand avantage pour fon embelliffement, comme Strabon le rapporte. Paufanias nous inftruit, que la diftance qui fépare Mylafa d'avec fon port eft de 80 ftades; & que *Phyfcus* fut le port de Mylafa, & le lieu maritime le plus voifin, c'eft ce qu'on lit pofitivement dans Strabon. Il faut avoir ignoré ces circonftances, qui déterminent la pofition de Mylafa, pour l'avoir tranfportée dans quelques cartes auprès de *Iaffus,* ou d'Aaffem-Kalafi ; & avec d'autant moins de fondement qu'on fait par Wheler, que des voyageurs anglois, qui en partant d'Aaffem-Kalafi fe font rendus à Mylafa, ont mis dix ou douze heures de marche dans cet intervalle. L'efpace qui réfulte de la conftruction de notre carte entre Aaffem-Kalafi & Mylafa, répond à dix lieues françoifes en droite ligne; ce qu'il eft très-avantageux de pouvoir juger convenable, après avoir autant circulé qu'il faut le faire en fuivant la côte, depuis Aaffem - Kalafi jufqu'au point de rencontrer Mylafa. On trouve dans les cartes marines le nom de Melaffo fur le rivage méridional du golfe d'Aaffem-Kalafi, ce que j'eftime dériver de quelque notion vague de l'ancienne ville de Milet fur la côte Ionienne, & en déplaçant cette ville, puifquelle étoit plus feptentrionale que Iaffus ou Aaffem-

Lib. XIV, pag. 651.

Pauf. in Arcad.

Lib. XIV, pag. 659.

Kalafi. Mais il faut rentrer dans l'Archipel, pour terminer dans une dernière fection tout ce qui concerne cette mer.

X.

Les Cyclades, & l'ifle de Crete ou de Candie.

QUELQUES ifles dont je n'ai point pris occafion de parler dans ce qui précède, & qui font écartées des Cyclades, en tirant vers le nord de l'Archipel, Skyro, Skiatho, Scopelo, & plufieurs autres qui paroiffent rangées fur la même ligne, ont été placées dans la carte, la première relativement à la côte orientale de l'ifle d'Eubée ou de Négrepont; dont elle eft plus à portée que d'aucune autre terre; les autres par leur pofition immédiate à l'égard du cap de Saint-George, n'y ayant qu'un canal entre ce cap & Skiatho: & quant aux ifles qui fuivent Scopelo, il y en a plufieurs hors de leur place dans les cartes qui ont précédé les plus récentes, & dans celles-ci on trouve quelques dénominations particulières qui demandoient d'être corrigées.

On fait que le nom de *Cyclades* vient de ce que dans l'endroit de l'Archipel, où les ifles font en plus grand nombre & plus ramaffées, ces ifles ont paru difpofées entre elles comme en cercle. Mon deffein n'eft point d'entrer dans un détail de difcuffion fur la fituation que ces ifles ont refpectivement les unes à l'égard des autres, non plus que fur leur étendue. Je puis dire en général, que la plufpart ont été figurées d'après des plans particuliers; & j'en connois un volume entier, qui eft forti manufcrit de la Bibliothèque de Colbert, à la tête duquel eft une carte générale, qui comprend un affemblage d'une partie de ces ifles. La hauteur dans laquelle plufieurs d'elles fe renferment, eft limitée d'un côté par celle de Milo, de l'autre par la pofition qui convient au cap Colonni. La terre de l'Eubée la plus méridionale, que Wheler a relevée d'une ftation dans l'Attique, eft un terme que les ifles qui s'élèvent le plus vers le nord ne paffent point. D'un autre côté, les latitudes de la pointe

du fud de Santorin, & du port Livourné à Stanpalia, dont
les obfervations faites à terre fous le commandement de
M. le Marquis d'Antin, m'ont été communiquées, fixent
des limites dans ce qui eft plus reculé vers le midi. Etant
ainfi contenus dans des bornes déterminées, c'eft en vain
qu'on alléguerait des diftances où les nombres de mille
abonderoient, ce qui femble particulier à l'Archipel plus
qu'à aucun endroit du Monde que je fache. On doit favoir
gré à M. de Tournefort d'avoir donné des relèvemens de
plufieurs ifles dans le nombre des Cyclades. Cependant,
on ne peut fe difpenfer de foupçonner du défaut dans quelques-uns de ces relèvemens. Par exemple, fi du mont Zia
dans Naxie, le rayon de Tine eft entre le nord-oueft & le
nord-nord-oueft, comme le marque M. de Tournefort,
celui d'Andros n'en doit pas différer affez fenfiblement, pour
décliner du nord-oueft à l'oueft-nord-oueft. Il y a grand lieu
de douter, que Stanpalia faffe exactement le fud-eft du
même point de ftation. Car, en confervant Stanpalia dans la
latitude obfervée, on ne fauroit ranger cette ifle vers fud-eft
à l'égard de Naxie, fans la trop écarter de Stan-Co, & preffer
en même temps Nanfio, que M. de Tournefort fixe au fud-
fud-eft, comme Nanfio s'y rencontre en effet.

Il faut fe défier de l'étendue qu'on donne aux ifles, ainfi
que de la diftance dont on les fépare; & la réferve fur ce
point doit s'étendre à quelques voyages modernes, comme à
ce qu'on lit dans l'Antiquité. La plus grande des Cyclades
eft Naxie, comme Delos, qui a furpaffé les autres en célé-
brité, eft la plus petite. Quoiqu'on life dans Pline, que le *Lib. IV, c. 12.*
circuit de Naxie eft de 75 milles, écrits en toutes lettres,
le local n'en admet qu'environ 37 de 60 au degré. Et pour
entendre Pline en cet endroit, ainfi qu'en beaucoup d'autres,
le feul moyen eft de fuppofer que le nombre des milles eft
tiré d'un nombre de ftades, dont la mefure étoit fort appro-
chante du ftade le plus court. Ce n'eft que par le plus court
des ftades qu'on peut interpréter la diftance de 7 milles
& 500 pas, que le même auteur met entre Naxie & Paros. *Ibid.*

Car il feroit plus difficile de fuppofer, que ces ifles fe font rapprochées depuis le fiècle de Pline. La même folution de *Lib. IV. c. 12.* difficulté ne fauvera point Pline fur quelques autres ifles de l'Archipel, fpécialement fur ce qui regarde Samothrace, fort éloignée des Cyclades, en lui donnant 32 milles de circuit, & y renfermant une montagne de 10 milles de hauteur. Le refpect qui eft dû à l'Antiquité, ne défend pas à la critique de rejeter ce qui peut manquer d'exactitude. Mais, il eft queftion maintenant de paffer des Cyclades à l'ifle de Candie.

Je n'ai point trouvé de plus grande difficulté à l'égard de cette ifle, qui conferve le nom de Crete dans celui d'*Icriti*, felon la manière dont les Turcs le prononcent, qu'en ce qui concerne fon emplacement, & l'étendue qui lui convient d'occident en orient. Après avoir bien combiné & les relèvemens, & les différentes cartes, fur la pofition du cap Spada, le plus élevé de l'ifle vers le nord, il m'a paru que ce cap gît affez précifément au fyroc, ou fud-eft, à l'égard du port de Cérigo, & quelques degrés plus vers fud à l'égard de la calle de Saint-Nicolas dans la même ifle de Cérigo. Quant à la diftance, elle varie depuis 44 milles de 60 au degré jufqu'à 54 dans les cartes marines. Et j'obferve, que dans les cartes où cette diftance fe trouve plus courte, la pofition de Cérigo jetée trop au fud a dû produire cet effet, & faire en même temps que le rayon tiré fur le cap Spada prenne un peu plus de l'eft que du fud. Je fuis parti de la latitude obfervée à la Canée par le P. Feuillée, pour arriver au cap Spada; & dans un efpace affez court, le défaut de précifion ne fauroit être confidérable. Ce qui fe rencontre enfuite de diftance entre ce cap & Cérigo, dans l'emplacement que la liaifon immédiate de cette ifle avec la Morée fixe antérieurement, prend un milieu entre le plus ou le moins que donnent les cartes. La diftance à partir de *Ibid.* Malée, indiquée de 75 milles romains par Pline, d'après les mefures recueillies par Agrippa, gendre d'Augufte, pour la defcription de l'Empire, paroît affez convenable. Car, fi la diftance en rafant le cap Spada ne fe trouve que de 70 milles,

elle

elle eſt d'environ 80 milles à la plage de Kiſamo, qui eſt
le port qui ſe préſente le premier; de ſorte qu'un lieu moyen
entre ces différentes places eſt juſtement 75. Dans le Portulan vénitien de Paolo Gerardo, diſtance du *capo Malio*
à *capo Spada di Crete*, *miglia 80*, ce qui eſt très-juſte en
milles réduits à 7 ſtades: aire de vent, *dentro oſtro &*
ſyroco, ce qui ſe trouve encore conforme à la poſition
donnée au cap Spada.

Il y a une carte & un volume entier de plans particuliers concernant l'iſle de Candie, dont on doit la publica-
tion à un graveur vénitien, nommé Boſchini, qui a donné
pareillement un *Iſolario* de l'Archipel. Mais, pour faire
uſage de cette carte, il faut en corriger les défauts. On en
reconnoît d'abord dans la manière dont elle eſt orientée.
Car, la poſition de Candie y paroît plus ſeptentrionale que
la Canée, bien que par la hauteur que le P. Feuillée a
obſervée à Candie comme à la Canée, le point de Candie
ſoit plus méridional de 10 minutes que celui de la Canée.
On peut juger même, que quelques eſpaces ne gardent
point entre eux une juſte proportion. Car, à ſuivre M. de
Tournefort dans ſon voyage, & en eſtimant la diſtance de
la Canée à Retymo d'environ 30 milles, celle de Retymo
à Candie paroît en valoir au moins 50. Ainſi, ces diſtances
ſont entre elles comme 5 ou environ eſt à 3, au lieu que
dans la carte vénitienne, le plus grand intervalle ne répond
pas tout-à-fait à 4 vis-à-vis de 3. Par l'échelle placée
ſur cette carte, on meſure en effet 30 milles entre la Canée
& Retymo, & entre Retymo & Candie la même échelle
ne fait pas compter 40 milles bien complets. La Table
Théodoſienne fournit une ſuite de diſtances depuis *Ciſa-*
mus ou Kiſamo, & *Cydonia*, qui eſt la Canée, juſqu'à
Gortyna, dont il reſte de grands veſtiges, & de Gortyne à
Spina-longa, ſous le nom de *Cherſoneſus*. Quoiqu'il y ait
une correction à faire, parce qu'il y a une répétition de
Ciſamus à ſupprimer dans la Table, on compte d'ailleurs
81 milles entre Cydonie & Gortyne, & 39 entre Gortyne

H

& Cherfonefe, en paffant par *Cnoffus*, la réfidence de Minos,
diftante de 25 ftades de la côte feptentrionale, felon Strabon.
Il n'y a point à fe méprendre fur le lieu de Cherfonefe,
puifqu'un évêché fous le nom de *Cherronefi* fubfifte à Spina-
longa. Comme on peut voir que ces diftances, quoiqu'itinéraires, & dans un pays inégal & montueux, fouffrent peu
de réduction en droite-ligne fur la carte, il y a tout lieu de
croire que l'efpace n'y eft point épargné. Et ce qui me fait
juger favorablement de l'emploi des diftances, c'eft qu'en
établiffant une proportion entre celles de la Canée à Retymo,
& de Retymo à Candie, felon ce que j'ai obfervé ci-deffus,
la pofition de Candie fe rencontre, à quelques minutes de
degré près, dans la détermination de longitude conclue de
l'obfervation aftronomique faite par le P. Feuillée ; à quoi
j'ajoûte, que l'efpace ultérieur entre Candie & Spina-longa,
fe trouve dans une analogie de proportion avec la diftance
qui fert de comparaifon, favoir, celle de la Canée à Retymo.
Or, il ne fauroit y avoir de correfpondance entre le produit de ces combinaifons, & ce qui réfulte de l'ancien Itinéraire, lorfqu'il conduit de la Canée à Spina-longa par la route
de Gortyne, fans que cela convienne au local, autant qu'il
eft poffible par ces moyens d'en reconnoître la jufte étendue.
Finalement, en pouffant jufqu'au cap le plus oriental de
l'iffe, dont le nom de *Samonium* eft aujourd'hui corrompu
en celui de *Salamon*, on ne fe trouve écarté du cap occi-
dental, nommé autrefois *Criu-metôpon*, ou front de bélier,
aujourd'hui *capo Crio*, autrement cap de Saint-Jean, que
de 140 & quelques milles de 60 au degré. L'échelle de
la carte vénitienne fournit dans cet efpace pris en total 180
milles, & je remarque qu'on trouvera le même nombre de
milles par l'échelle des milles romains. Je ne ferois point
furpris d'y voir compter plus de 220 milles, en ufant de
la mefure du mille grec, plus court d'un cinquième que
le romain.

Quant à la largeur de l'iffe, Pline lui donnant 50 milles
dans l'endroit où elle a le plus d'étendue, c'eft en effet ce que

notre carte fait trouver vers le milieu de la longueur, entre le cap Saſſoſo ſur la côte du nord, & le cap Matala ſur la côte du ſud. Mais, cette largeur eſt bien différente ailleurs. Strabon ne l'indique que de 100 ſtades, dans un endroit *Lib.X,p.475.* qui le prend entre la Canée & Retymo d'un côté, & de l'autre vers Caſtel-Sfaccia. Le reſſerrement eſt encore plus grand dans la partie orientale, Strabon fixant à 60 ſtades l'intervalle du port *Minoa*, aujourd'hui *Pachianamo,*à *Hiera-pytna*, dont le nom n'eſt pas tellement défiguré dans celui de *Girapetra*, qu'on ne le démêle bien. Comme l'étude des eſpaces dans la traverſe des terres n'entre pour rien dans la compoſition des cartes marines, il ne faut point être ſurpris que ces différentes largeurs de l'iſle de Candie n'y ſoient point obſervées. La carte vénitienne eſt pareillement en défaut à l'égard des parties les plus reſſerrées, donnant à l'une 22 milles au lieu de 12 à 13, & à l'autre 12 au lieu de 7 à 8.

Au reſte, il faut convenir qu'on peut tirer un grand avantage des plans particuliers gravés par Boſchini, en figu-rant les rivages en beaucoup d'endroits dans un détail qu'on ne trouve point exprimé de même par-tout ailleurs. La ville dont on étend communément le nom à toute l'iſle, n'eſt pas connue avant les hiſtoriens Byzantins, Cedrène, Zonaras, Scylitzès, le Curopalate. Elle y eſt nommée *Chandace.* Les Sarraſins en trouvèrent l'emplacement avan-tageux pour un camp, lorſqu'ils entrèrent dans l'iſle ſous l'empire de Michel-le Bégue, qui prit la place de Léon l'Arménien ſur le trône de Conſtantinople vers la fin de l'an 820. Je n'oublierai point l'iſle de *Scarpanto*, ſituée entre l'extrémité orientale de Candie & Rhodes. La hauteur obſervée à *Caſo* par un navigateur françois, a déterminé celle de Scarpanto, dont la pointe méridionale en eſt peu écartée. Strabon compte 400 ſtades entre *Chalcia* & *Carpa-* *Ibid. p. 488.* *thus*, ce qui répond à l'eſpace de mer qui eſt entre la partie de Scarpanto la plus élevée au nord, & Karki, qui eſt au couchant de Rhodes. Le compte de 130 milles que donne

H ij

le Portulan grec, entre la pointe de Rhodes & le cap Salamon de Candie, paroît très-convenable en milles grecs &
d'ufage dans l'Archipel.

C'eſt ainſi qu'après avoir circulé autour de l'Archipel,
nous achevons d'étendre notre examen aux objets qui ſont
plus détachés des côtes dont cette mer eſt limitée. J'ai cru
devoir lui conſerver la dénomination qui lui eſt propre,
celle d'*Egio - pelago*, en l'inſcrivant ſur la carte, & avec
d'autant plus de fondement que le nom d'*Archipel* n'eſt qu'une
altération du véritable, & ne vient point, comme on pourroit le croire, d'une qualification ſupérieure à l'égard de
quelque autre mer. Il me ſeroit très-avantageux que la carte
dont je viens de faire l'analyſe, prévînt le Public en faveur
de celle de l'ancienne Gréce, que j'ai le deſir de faire ſuccé-
der. La comparaiſon des deux cartes procurera l'avantage de
connoître le rapport de l'ancienne Géographie avec la moderne, dans l'endroit par lequel celle-ci eſt juſqu'à préſent
plus poſitive, & moins dénuée des connoiſſances actuelles.
Le peu que l'on ſait dans l'intérieur des terres eſt réſervé à
la troiſième partie de la carte de l'Europe.

F I N.

www.ingramcontent.com/pod-product-compliance
Lightning Source LLC
Chambersburg PA
CBHW051129050726

47594CB00003B/1014